AF355875

L'INDICATEUR

DES SEMIS

OPUSCULE

Sur les Semis de Graines Potagères, Fourragères
Ognons et Graines de Fleurs

POUR LE MIDI DE LA FRANCE

PAR

ROUGIER SARRÈTE

Membres des Sociétés d'Agriculture et d'Horticulture de Marseille et de Paris

MARCHAND GRAINIER, HORTICULTEUR

Rue de Rome, 57, et rue de la Palud, en face de l'Église

Maison fondée en 1820

MARSEILLE

TYP. ET LITH. BARLATIER-FEISSAT PÈRE ET FILS
Rue Venture, 19

1873

Nous n'avons pas la prétention de présenter notre brochure
comme une instruction précieuse et indispensable aux cultivateurs, non, sans doute, les cultivateurs s'inspirent d'ouvrages
autrement traités et plus importants que le nôtre.

Mais dans notre terroir, où la propriété est divisée à l'infini,
nous avons pensé qu'un petit opuscule donnant sans prétention
des renseignements utiles sur les cultures du Midi, serait bien
vu des nombreux propriétaires des *Bastides* marseillaises ; tel
était notre but en le publiant pour la première fois ; le nombre
d'éditions qui se sont épuisées depuis, nous prouve que nous
ne nous sommes pas trompés.

En effet, notre brochure en est à sa onzième édition. Cette
dernière est naturellement plus complète par suite des améliora-
tions qui, chaque année, se produisent ; nous la recommandons
de nouveau à la bienveillance des amateurs du jardinage.

Rougié Sarrète.

NOTIONS ESSENTIELLES

SUR LA CULTURE MARAICHÈRE

Du Sol. — Les terrains humides et légers sont ceux qui présentent le plus d'avantages, parce qu'ils s'échauffent promptement, laissent aisément pénétrer l'air et enfin laissent échapper facilement la surabondance des eaux.

Ce principe établi, il convient donc de modifier le sol chaque fois qu'il ne se trouve pas dans ces conditions.

On y parvient en élevant et en disposant en pentes les terres basses et trop humides, de manière à ce que l'eau puisse s'en écouler.

En établissant un drainage en pierre sous les sols imperméables.

En faisant un mélange avec du sable, ou du terreau ou des débris de feuilles mortes pour les terres fortes ;

Mais tout ceci n'est applicable que pour les jardins potagers ou d'agréments. Car il serait oiseux d'indiquer de pareils moyens pour les semis importants. En grande culture, on doit nécessairement approprier les plantes aux sols.

Défoncement — Le défoncement du sol est la première opération pour obtenir un jardin potager.

Le but du défoncement est de rendre la terre meuble et moins sensible à la sécheresse, afin que les racines des plantes s'y développent plus facilement.

La profondeur du défoncement doit être environ de 50 à 75 centimètres ; ce travail se fait en automne.

Un terrain défoncé demande beaucoup d'engrais.

Après vient le labour, c'est-à-dire, façonner la terre et la rendre propre à recevoir la semence ; la profondeur du labour varie entre 25 et 30 centimètres.

Des Semis. — De tous les soins nécessaires au succès des plantes celui de bien semer est sans contredit le plus essentiel, combien de personnes rejettent sur la mauvaise qualité des semences l'insuccès de leur semis, quand elles devraient n'en accuser qu'elles seules.

En effet, assez généralement on a l'habitude d'enterrer trop profondément les graines ; il en résulte alors que, privées de l'influence atmosphérique nécessaire à leur germination, elles lèvent mal et les plantes restent chétives.

Qu'une plante se sème d'elle-même, la levée est certaine et la végétation vigoureuse, parce que les graines ne trouvant pas d'obtacles , se développent sans efforts.

Partant de ce principe, le semeur doit tenir compte de la nature de la graine, de manière à ne recouvrir que très superficiellement celles très fines, et davantage celles plus grosses.

Bien d'autres causes, dont généralement on ne tient pas compte , peuvent aussi annihiler un semis ; des pluies abondantes et continues , aussi bien qu'une sécheresse excessive et un grand vent, font au semis une position anormale qu'il faut surveiller, c'est surtout lorsque la terre durcie par l'action du vent et du soleil qu'il faut s'attacher à la rendre friable par des arrosages légers et fréquents au moyen d'un arrosoir à pomme.

Les Semis à la volée consistent à répandre les graines le plus également possible, en semant clair ou dru, suivant que la plante a besoin de plus ou moins de développement ; on doit, du reste, éclaircir les plants quand on s'aperçoit qu'on a semé trop épais.

Les Semis en rayons se font dans des rayons tirés au cordeau ayant 5 centimètres environ de profondeur. Ce mode de semis est d'autant plus avantageux, qu'il est plus facile de détruire les mauvaises herbes , et d'ameublir la terre par de fréquents binages.

Les Semis en terrines et en pots sont plus particulièrement usités pour les plantes d'agrément, et surtout pour celles qui demandent à être hivernées sous châssis ; dans ce cas, les terrines ou les pots doivent être garnis au fond de 2 à 3 centimètres de sable grossier pour faciliter l'écoulement des eaux.

Semis sur couche, On appelle couche, une quantité de fumiers chauds, entassés pour opérer l'accroissement des plantes en hiver ; le fumier de cheval est préféré pour cet usage.

On sème ainsi les espèces qu'on veut obtenir de primeurs, telles que tomates, aubergines, melons, etc.

Le concours des châssis et des paillassons est indispensable pour la culture des primeurs.

Du Binage. — Le binage est très nécessaire à la végétation des plantes, en ce qu'il entretient la terre friable autour d'elle et détruit les mauvaises herbes ; il consiste à briser avec la bêche ou le rateau la surface du sol.

Du Sarclage. — Sarcler c'est arracher et détruire les mauvaises herbes qui croissent naturellement, opération indispensable pour le bien-être des végétaux.

Eclaircissages. — Cette opération a lieu lorsqu'un semis a bien levé et que les plantes sont trop rapprochées, dans ce cas, il faut éclaircir pour les empêcher de s'étioler.

Du Repiquage. — Lorsque les légumes qni subissent cette opération, tels que porreaux, choux, céleris, laitues, etc., etc., ont de 4 à 6 feuilles, on doit les enlever avec quelques précautions pour ne pas abîmer le chevelu, et les mettre en place dans un terrain antérieurement défoncé, et à une distance qui varie suivant que la plante demande un ou deux repiquages.

Les laitues, les chicorées, etc., etc., qui ne se repiquent ordinairement qu'une fois, se distancent de 30 centimètres environ, tandis que la plupart des choux, qui préfèrent deux repiquages, se distancent seulement à 12 ceutimètres.

Du Pincement. — Le but du pincement est de modérer l'affluence de la sève et la forcer de se porter sur les yeux inférieurs, lesquels produisent les meilleurs rameaux à fruits.

Ce sont donc les rameaux principaux que l'on pince ; l'opérateur doit le faire alors que le bourgeon est assez tendre pour qu'il rompe sans efforts entre les doigts.

Des Arrosements. — Les arrosements doivent se faire de préférence le soir au coucher du soleil, ou le matin de très bonne heure ; en été, les arrosements du soir profitent mieux aux plantes à cause de la rosée de la nuit.

Toutes les eaux ne sont pas bonnes à employer, l'eau de puits , la plus usitée, est la plus mauvaise ; on ne doit l'employer qn'après qn'elle a préalablement séjourné à l'air plusieurs jours dans un récipient quelconque.

L'eau de source est trop froide et ne doit pas être employée de suite.

L'eau stagnante exposée aux influences atmosphériques est la plus propre pour les végétaux.

INFLUENCE DE LA LUNE SUR LES VÉGÉTAUX.

Un usage très ancien chez les cultivateurs et chez ceux qui font les coupes de bois et la taille de la vigne, consiste à observer les phases de la lune pour exécuter leurs travaux ; cet usage est taxé de préjugé par tous les auteurs. Certes, nous ne voudrions pas être en opposition avec les agronomes célèbres qui ont écrit à ce sujet, et notre intention n'est pas d'émettre une opinion contraire, nous mentionnons seulement cette croyance, et nous dirons que les cultivateurs qui prétendent avoir fait des expériences, choisissent la phase décroissante de la lune pour faire les semis et les repiquage des plantes qui séjournent long-temps en terre.

GRAINES

DE

PLANTES POTAGÈRES

Angélique. — Plante réussissant assez bien dans tous les terrains, mais préférant une terre substantielle et humide.

Se sème de mars à fin avril, mais comme la graine ne conserve pas longtemps ses facultés germinatives, mieux vaut semer en août, sitôt la maturité de la graine ; en place ou en pépinière pour re-piquer ensuite ; arrosage abondant jusqu'à la levée.

Cette plante est peu usitée dans le Midi, ses tiges et ses feuilles servent à la confiserie, les racines sont employées en médecine et les graines entrent dans la composition de quelques liqueurs.

Asperge. — Deux manières de semer l'asperge sont mises en usage, le semis en place et celui en pépinière. Nous ne parlerons que du dernier comme du plus convenable.

On laboure une planche en bonne terre meuble de 1 m. de large sur 4 à 5 m. de long et on sème, soit à la volée, soit en rayons. Cette dernière méthode facilite le sarclage et les binages ; on répand la graine au mois de mars, et après l'avoir légèrement enterrée, on recouvre le semis d'une couche de 2 centimètres de bon terreau.

A l'automne, on coupe les jeunes tiges dans le but de renforcer le plant.

Après un an ou deux de semis, le plant est bon à mettre en place. C'est ordinairement en février et en mars que se fait cette opération.

Sur le terrain choisi à cet effet, on enlève toute la couche superficielle du sol, à la profondeur de 30 centimètres environ, et on la remplace par une couche de fumier consommé, épaisse seulement de 10 centimètres ; au moment de la plantation on foulera le terrain avec les pieds.

Le carré ainsi préparé sera divisé par lignes également distantes de 48 à 50 centimètres dans toute sa longueur ; la distance dans les rangs pourra varier de 30 à 40 centimètres, et à cet espace, on réunira des petits monticules de terre, sur lesquels on placera les plants, en écartant les griffes, de manière à bien les asseoir sur les monticules. Toute la plantation sera ensuite recouverte de 8 à 10 centimètres de terre.

Dans le courant de l'été, on donnera quelques sarclages. A l'automne, on répandra une légère couche de fumier, ensuite, chaque année, au printemps, on ajoutera une légère couche de terre, jusqu'à ce que le carré arrive au niveau des autres parties du jardin.

Quoique l'on puisse commencer à cueillir les asperges à la troisième année, ce n'est qu'à la quatrième année que nous conseillerons la récolte.

Artichaut. — Les graines d'artichaut doivent être semées pendant le courant de janvier et de février, sous châssis et dans de petits pots, pour ensuite les mettre en place lorsque l'on n'a plus rien à craindre des gelées.

On peut également semer sur place vers la fin mars et avril, à distance de 3 pieds, en mettant dans chaque trou 2 ou 3 graines, afin de choisir parmi les plantes, les plus belles et les plus vigoureuses.

Comme cette graine dégénère facilement, la manière la plus convenable à employer pour cette culture, est celle de reproduire par œilletons que l'on détache des vieux pieds.

Quoique cette plante réussisse parfaitement dans un terrain sec, il convient mieux cependant de lui donner une terre fraîche et préparée par un profond labour.

Aubergine ou Mélongène. — On sème cette plante depuis janvier jusqu'en mars, sur couche et sous châssis ; on peut resemer en plein champ, contre un mur et dans un bon terreau, depuis les premiers jours de mars jusqu'au 15 mai ; on la laisse grossir de cette manière sur place ; et quand elle a à peu près 3 ou 4 feuilles, on la repique dans un terrain bien fumé et toujours à une bonne exposition.

Elle demande des arrosages fréquents pendant les fortes chaleurs.

Arroche ou Belle-Dame. — Cette plante monte promptement en graine ; il convient de la semer tous les 15 jours et par rayons, depuis février jusqu'à fin mars.

Betterave. — La betterave demande une terre légère, bien ameublie par un profond labour ; on peut la semer de plusieurs manières, c'est-à-dire à la volée, en rayons ou en pépinière. Dans les deux premiers cas, on doit éclaircir les plants de manière à ce qu'ils aient au moins une distance de 25 à 30 centimètres, et pour le semis en pépinière on doit conserver la même distance et avoir soin de repiquer les racines lors-qu'elles ont 5 ou 6 feuilles.

Semer depuis le mois de mars jusqu'à fin mai.

VARIÉTÉS LES PLUS ESTIMÉES.

Betterave rouge longue, racine longue de 0ᵐ 45 sur 0ᵐ 10 de diamètre, chair rouge foncé.

»　　　» de Castelnaudary, racine longue de 0ᵐ 30 sur 0ᵐ 05 de dia-mètre, chair rouge foncé.

»　　　» Écorce ou Crapaudine, racine longue de 0ᵐ 10 sur 0ᵐ 30 de diamètre, chair rouge vif.

»　　　» de Whyte, racine longue de 0ᵐ 40 sur 0ᵐ 12 de large, chair rouge noirâtre.

»　　　» Turneps hâtive, racine petite de 0ᵐ 10 sur 0ᵐ 11 de diamètre chair rouge.

»　　　» de Bassano, racine petite large de 0ᵐ 20 sur 0ᵐ 10 d'épais-seur, chair blanche, marqué de zone rose.

» jaune grosse, racine longue de 0ᵐ 50 sur 0ᵐ 12 de diamètre, chair jaune pâle.

Bourrache. —Plante peu usitée dans la culture maraîchère. Ses fleurs servent à orner les salades. Se sème en place, à l'automne et au prin-temps.

Carotte. — La carotte demande une terre légère, fraîche et bien ameu-blie par un profond labour. Les terres franches et douces ou les sables gras sont les sols qui conviennent le mieux à cette racine ; l'engrais nouveau lui est nuisible ; une fumure donnée de l'année précédente est par conséquent indispensable,

Les graines de carotte peuvent être semées depuis février jusqu'à fin septembre, par planches ou par rayons. Il faut éclaircir, sarcler et biner.

VARIÉTÉS LES PLUS ESTIMÉES.

La rouge longue, rouge courte hâtive, rouge courte de Hollande, rouge 1[2 longue obtuse.

Cardon. — Les semis se font de la même manière que pour l'artichaut. A l'entrée de l'automne, lorsque les plants sont assez forts, on les fait blanchir en les chaussant. Au bout de 20 à 25 jours environ les côtes sont blanches et bonnes à être consommées.

Capucine à grande fleur. — Plante grimpante, dont les fleurs servent à orner le dessus des salades. Les graines encore tendres se confisent au vinaigre et remplacent les câpres.

On peut la semer en février, sous châssis, et de mars en août à l'air libre ; et si l'on n'avait pas à craindre la gelée , on pourrait la semer toute l'année.

Champignon comestible. — La culture du champignon peut se faire dans les caves, aussi bien qu'à l'air libre. Son succès dépend du choix du fumier et de la préparation des meules ; ainsi, le fumier provenant des chevaux de fatigue est préférable à celui des chevaux de luxe, par la raison que la litière des premiers étant moins souvent renouvelée, est plus imprégnée d'urine et contient plus de crottins.

La culture en cave peut se faire en toute saison, tandis que celle a l'air libre doit se faire de préférence dans la saison la moins pluvieuse, en été par exemple, attendu que les fortes pluies font avorter le blanc.

Dans l'un et l'autre cas, il faut commencer par déposer le fumier en tas pour le faire fermenter ; un mois après, si la fermentation a eu lieu, on le répand avec la fourche pour en former une couche de 0ᵐ 65 d'épaisseur, sur 1ᵐ 30 de largeur, en bien mélangeant les parties sèches avec celles qui sont plus imprégnées d'urine.

Dès qu'on a formé un premier lit, on le mouille avec l'arrosoir à pomme et on le foule avec les pieds ; on refait un second lit que l'on traite de la même manière et ainsi de suite jusqu'à ce qu'on soit arrivé à la hauteur de 0ᵐ 65 d'épaisseur.

8 à 10 jours après on remanie la couche en commençant par les bords et on la remonte de manière à ce que le dessous devienne le dessus. Après l'avoir laissé fermenter encore 8 à 10 jours , le fumier est bon à mettre en meule et doit avoir le degré de chaleur qui convient à la culture : soit 15 à 18 degrés.

Les meules doivent être établies à dos d'âne et avoir 0ᵐ 60 de large à la base et 0ᵐ 10 de large au sommet ; on a soin de bien affermir les côtés en frappant légèrement avec le dos de la pelle, puis avec le râteau on enlève les longues pailles qui dépassent de chaque côté afin de rendre les surfaces aussi unies que possible.

La meule montée, on s'assure, (au moyen d'un thermomètre plongeur), si la couche a bien le degré de chaleur voulu. On peut alors larder la meule, c'est-à-dire y placer le blanc de champignon, dans les ouvertures pratiquées avec la main et distancées les unes des autres de

0ᵐ 33; pour que le blanc soit bien en contact avec le fumier, il faut le tasser un peu.

Si 8 à 10 jours après avoir lardé la meule, des petits filaments blanchâtres commencent à s'étendre sur toute la surface, on y répandra dessus 0ᵐ 03 de terre légère et maigre passée à la claie ; dans le cas où les filaments ne se montreraient pas, il faudrait recommencer l'opération et remettre de nouveau du blanc.

La cueillette a lieu 6 semaines environ après ; pour chercher les champignons, on relève la litière avec soin, et après les avoir cueillis on remplit les trous qu'ils occupaient avec de la terre de la même nature que celle désignée plus haut.

Chenille. — Petite plante dont les fruits écailleux imitent les chenilles ou les limaçons, et dont on se sert dans les fournitures de salades pour surprendre les personnes à qui ces fruits sont étrangers.

Il faut en extraire la graine que l'on sème en place depuis mars jusqu'en mai.

Céleri. — Les semis du céleri rouge se font en octobre jusqu'en décembre, à une bonne exposition et sous châssis, pour ensuite repiquer les plants lorsqu'ils ont de 10 à 14 centimètres.

Il peut être resemé en juin.

Le céleri plein blanc et le céleri rave se sèment de janvier jusqu'à fin avril.

Le céleri à couper se sème sur place et en rayons, de février en avril, et demande beaucoup d'engrais et un arrosage fréquent. La graine doit être recouverte légèrement avec du bon terreau.

Le repiquage se fait en rayons, distancés de 60 cent. environ. Lorsque le plant a atteint 40 à 50 cent., il faut penser à le faire blanchir ; à cet effet, on ramène la terre de l'espace libre entre les rayons, et on chausse le plant de chaque côté, ne lui laissant à découvert que les extrémités des feuilles.

Cerfeuil. — On le sème à toutes les époques, par planches ou par rayons. Cette plante dure peu et monte promptement en graine, il convient de la semer à l'ombre dans le courant de l'été, et de très peu recouvrir sa graine.

Chicorée frisée et scarole. — Quoique toutes les variétés de chicorée frisée, puissent se semer à partir de février jusqu'à fin septembre, on choisit cependant celle dite d'Italie pour les premiers semis, qui se font en vaseaux, pour ensuite éclaircir les plants lorsqu'ils ont de 4 à 5 feuilles, en gardant une distance de 20 à 25 centimètres en tous sens.

Le deuxième semis se fait à partir de mars avec la chicorée de Meaux, en repiquant les plants au lieu de les éclaircir ; et enfin, le troisième semis se fait à partir de juillet, avec les variétés frisées d'hiver et la chicorée scarole, en repiquant les plants sur des plates-bandes un peu en ados.

Lorsque les gelées sont venues, si l'on désire les faire blanchir (opération qui ne doit être faite que 15 jours avant de les arracher), il faut lier chaque pied par un temps sec et leur courber la tête, que l'on recouvre de 2 à 3 pouces de terre.

La chicorée sauvage se sème par planches ou par rayons pendant toute l'année, mais pour la manger bien tendre, il vaut mieux la semer tous les 15 jours et ne cueillir que de jeunes feuilles.

Cette plante demande un arrosage fréquent.

Choux. — Ce genre comprenant un grand nombre d'espèces ou variétés, nous nous occuperons seulement de celles les plus usitées dans la culture maraîchère locale.

Choux d'Yorck et Pain de Sucre. Ces deux espèces se sèment du 15 août à fin septembre, dans un carré préparé à cet effet, pour repiquer les plants quand ils ont deux feuilles, dans des planches labourées et préparées pour les recevoir, en distançant les plants de 12 centimètres environ. Aux mois de novembre et de décembre ont met les plants à demeure.

Le Chou cœur de bœuf se sème à la même époque et se cultive de la même manière que les précédents ; il convient seulement, à raison de son développement, de le distancer davantage dans les plantations à demeure, 60 à 65 centimètres environ.

Le Chou cabus blanc. Cette espèce comprend deux variétés, celle d'été et celle d'hiver : le chou cabus d'été se sème de décembre en avril ; celui d'hiver, de juin en juillet.

Chou de Milan, Chou vert. Les choux frisés se sèment depuis février jusqu'à fin juillet ; en les semant en juin on les replantera en juillet. Ces choux, ne nuisant pas aux autres plantes, on peut semer dans la même planche des mâches, épinards, cerfeuils, etc., etc.

Chou-fleur demi-dur. On sème de mars à fin mai ; on le repique en pépinière aussitôt qu'il a deux feuilles ; si on sème clair, on peut se dispenser de ce repiquage. Ce semis de mars peut être mis à demeure du mois de mai à juin.

Le Chou-fleur dur se sème de juin en juillet, assez clair pour ne pas être obligé de le repiquer en pépinière ; on le plante alors à demeure en juillet et août.

Chou brocoli blanc et violet. Le brocoli blanc se sème en juillet, assez clair pour n'avoir pas besoin d'être repiqué en pépinière. Le plant peut se replanter au mois d'août, dans les mêmes planches, et en même temps qu'on y plante le brocoli, on peut y planter aussi de la chicorée scarole, ou y semer du cerfeuil, mâche, épinard, etc., etc.

Le Brocoli violet se sème en mars et avril.

ESPÈCES ET VARIÉTÉS LES PLUS USITÉES.

Chou d'Yorck gros, pomme conique pleine.
>   »   nain   »   »   moins allongée , plus précoce que le précédent de 12 jours.
»   Cœur de bœuf gros, pomme ovale, large à la base.
»   »   »   petit   »   »   »   plus précoce que le précédent de 8 jours.
»   Pain de Sucre, pomme conique, peu serrée.
»   De Saint-Denis, pomme ronde aplatie.
»   Quintal ou de Strasbourg, pomme très grosse, ronde, très ferme.
»   Rouge, pomme ronde, rouge foncé.
»   Cabus blanc, pomme ronde.
»   »   rouge, pomme ronde, colorée de rouge.
»   De Milan ordinaire, pomme peu serrée, feuilles cloquées.
»   De Milan des Vertus, pomme ronde, très serrée.
»   De Bruxelles, petites pommes de la grosseur d'une noix, naissant au nombre de 25 à 30, à l'aisselle des feuilles inférieures.
»   Rave blanc, hors terre, racine formant la boule de 0^m15 c. de diamètre , d'un vert pâle.
»   Fleur, la pomme est formée par les fleurs, qui, avant leur développement, se changent en une masse compacte et blanche.

Ciboule. — La graine de ciboule se sème depuis janvier jusqu'à fin août, dans une terre légère ; on la repique ensuite en bordure à distance de 5 pouces en mettant deux plantes ensemble.

On la multiplie également par œilleton.

Ciboule de Saint-Jacques se sème de mars en mai et de septembre en octobre.

Concombres et Cornichons.—Se sèment en février et en mars, sur couches pour les primeurs. On peut les resemer en pleine terre et sur place, vers la fin de mars jusqu'à la fin de mai.

Ces deux plantes demandent beaucoup d'engrais.

Courges. — On peut semer toutes les espèces de courges sur couche, depuis février jusqu'au 15 mars ; les semis de pleine terre se font du 15 mars à fin mai, dans des trous établis à un mètre et demi de distance l'un de l'autre, remplis d'un bon fumier et recouverts d'un pouce de terreau ; trois graines dans chaque trou suffisent.

Cresson de fontaine.— On le sème ordinairement en avril en mai et en septembre et octobre sur le bord des eaux courantes , où il s'étend de lui-même, on peut également le semer dans des baquets remplis de terre et que l'on couvre d'eau, en ayant soin toutefois de changer l'eau de temps à autre pour l'empêcher de se corrompre.

Cresson alénois. — La véritable époque pour semer le cresson alénois est en automne : on peut aussi le semer dans le courant de l'été, en renouvelant les semis tous les 15 jours; attendu qu'il monte promptement en graines ; on doit le mettre à l'ombre si l'on veut obtenir un peu plus de durée.

Épinard. — On sème les épinards depuis le 1er août jusqu'à fin mai ; les semis d'automne se font par planches , ainsi que ceux d'hiver ; ceux du printemps se font à l'ombre et par rayons : pour hâtiver la germination, il faut faire tremper la graine pendant 24 heures dans l'eau avant de la semer , et continuer d'entretenir la terre dans un état constant d'humidité.

Cette plante demande beaucoup d'engrais.

Fèves. — Les fèves se sèment depuis octobre jusqu'en mars, en rayons ou par touffes, en mettant trois ou quatre fèves dans chaque trou, les trous distancés d'un pied.

Fraisiers. — Le fraisier se multiplie de préférence par les coulants détachés des plantes mères, que l'on repique en place.

On peut aussi opérer par le semis ; dans ce cas, il faut semer en mars, en terrine, avec du bon terreau , et recouvrir la terrine d'une vitre pour que la condensation de l'air donne à la terre une humidité qui facilitera la germination ; lorsque le plant est assez fort, on le met en pépinière pour le laisser se développer, et le transplanter ensuite en pleine terre.

Les arrosements doivent être fréquents et légers.

On force aussi les fraisiers. (Voir à l'article culture forcée).

Gombo. — Le gombo doit se semer sous châssis, en janvier et en février, pour être ensuite transplanté à une bonne exposition ou contre un mur, lorsqu'il n'y a plus de gelées à craindre.

Il peut se resemer sur place depuis mars jusqu'en mai, en mettant 2 ou 3 graines ensemble.

Cette plante demande beaucoup d'engrais et un arrosage fréquent.

Haricots. — Toutes les espèces peuvent se semer en lignes ou par touffes, en mettant 5 ou 6 grains dans chaque trou. Les époques de semis sont, pour le quarantain, depuis le 1ᵉʳ mars jusqu'à fin mai.

Pour tous les haricots gourmands, du 15 avril à fin juin.

Pour les Bouquetiers dits Canieu, depuis mai jusqu'au 15 août ;

Et pour les haricots noirs, en avril.

(Voir l'article culture forcée pour les haricots de primeur).

Laitues. — Les 1ᵉʳˢ semis des laitues rondes et longues d'été se font en février et en mars et peuvent se prolonger jusqu'en juillet en vaseaux, à une bonne exposition ; les 1ᵉʳˢ semis de février doivent être avancés ou retardés, suivant que la saison se trouve plus ou moins hâtive, On laisse grossir les plants sur place jusqu'à ce qu'ils aient obtenu 4 à 5 feuilles ; puis ensuite on les repique.

Les laitues d'hiver doivent être placées dans la partie la mieux abritée.

Il convient, pour les plantations d'hiver, de faire des planches d'un mètre de large, disposées en ados du côté du midi, sur lesquels on place 4 à 5 rangs de laitues, distancées de 20 centimètres les unes des autres.

Pour les plantations d'été. il vaut mieux que les planches soient de niveau, afin de pouvoir mieux les arroser.

Les laitues longues d'hiver se sèment en septembre et en octobre.

La laitue rougette, du 15 août à fin octobre.

Et la laitue à couper se sème en place et par rayons, depuis septembre jusqu'à fin mars.

Cette culture demande beaucoup d'engrais.

Mâches. — Il y a deux espèces, toutes deux d'égal mérite ; toutefois, la mâche à feuilles rondes a la préférence de nos maraîchers. La mâche d'Italie diffère de la première en ce que sa feuille est beaucoup plus large.

Les premiers semis se font au mois d'août, et de quinzaine en quinzaine peuvent et se prolonger jusqu'en octobre.

Melons. — Les semis en pleine terre se font à partir de fin mars à fin mai, dans des trous établis à 1 mètre de distance, en mettant 3 graines ensemble. et en les recouvrant d'un pouce de terreau.

Pour les semis de primeurs, voir l'article culture forcée.

Navets. — Ils se sèment depuis fin juillet jusqu'à fin septembre.

Quelques variétés peuvent se semer aussi du 15 février à fin avril, ce sont les tendres des vertus, blanc plat hâtif, rouge de mai, seulement il est à craindre que des chaleurs précoces excitent la plante à monter.

Les navets demandent une terre légère, sablonneuse, sans engrais récent.

Ognons. — Les semis se font du 15 juin au 15 septembre en terre légère. On enterre peu la graine, et on donne une bonne mouillure, on unit parfaitement le sol, et on paille le semis dans le but de maintenir l'effet de l'arrosage qui, sans cela, serait détruit par l'action du soleil.

En octobre, novembre ou décembre, suivant l'époque à laquelle on a fait le semis, on repique les plants à 0 08 cent. de distance dans les carrés préparés par de bons labours et une riche fumure.

VARIÉTÉS.

Ognon rouge pâle, bulbe de grosseur moyenne rouge cuivré tardif, se conservant bien.

   « blanc hâtif, bulbe de grosseur moyenne.
   » jaune des vertus, bulbe assez gros tardif.
   » de Cambrai, bulbe de grosseur moyenne, jaune rougeâtre tardif.
   » poire, bulbe allongé, rouge cuivré tardif.
   » de Madère, bulbe très gros, rouge cuivré très tardif.

Oseille. — On la sème en planches ou en bordures, depuis le 1er février jusqu'à la fin septembre ; on peut aussi la multiplier par l'éclat des vieux pieds ; elle vient assez bien sur toutes sortes de terres, pourvu qu'elles ne soient ni trop sèches ni trop humides.

Pastèque, Melon d'eau. — La graine de pastèque se sème en mars et en avril, dans un terrain bien défoncé, en mettant 3 graines ensemble dans des trous établis à 1 mètre 1/2 de distance.

Persil. — Le persil se sème depuis le 1er février jusqu'à fin octobre, en planches ou par rayons.

Les semis d'automne se font à une bonne exposition.

Piment ou Poivron. — Les premiers semis de cette plante se font depuis le commencement de février jusqu'à fin mars, sur couche et sous châssis, pour les transplanter lorsque l'on ne craint plus les gelées.

On peut la resemer en avril en plein air, à une bonne exposition, pour la transplanter ensuite dans les mois de mai et de juin.

Pimprenelle. — Fourniture de salade que l'on sème ordinairement en bordure, au printemps et en automne.

Porreau. — On sème la graine de porreau par planches ; depuis février jusqu'au 15 juillet.

Lorsque les jeunes plants ont acquis une certaine grosseur, on procède de la même manière que pour les ognons. *(Voir cet article).*

Poirée ou Bette. — La poirée peut être semée par planches ou par rayons, depuis juillet jusqu'à fin septembre, et de février à fin avril.

· On peut également la repiquer en donnant à chaque pied une distance de 25 à 30 centimètres.

Pomme d'amour, tomate. — Les premiers semis se font de décembre en février, sous châssis, quand les plants ont atteint 5 à 6 centimètres. On les repique en pépinière sous châssis, on arrose et on couvre de suite ; deux jours après on rend la lumière et on donne de l'air graduellement jusqu'en mars ; on peut alors, si les gelées ne sont pas à craindre, les planter à demeure et à l'air libre.

On peut continuer les semis en plein air, à une bonne exposition, depuis mars jusqu'à fin avril.

Quand les tiges ont 40 cent. de long, on choisit 3 des plus vigoureuses branches et on supprime les petites pousses qui sont au-dessous d'elles.

On doit pincer aussi les rameaux principaux à deux feuilles au-dessus des fleurs.

(Voir à l'article culture forcée pour les tomates de primeur).

Pois. — Ce légume compte un grand nombre d'espèces et de variétés ; nous citons celles qui sont le plus usuellement employées par nos maraîchers.

Prince Albert (demi-rame, tige de 0ᵐ, 70), variété très hâtive, un peu délicate, grain fin et de bonne qualité.

Michaux de Hollande (à rames, tige de 0ᵐ, 90), variété hâtive, moins précoce de 7 jours que la précédente, cosse longue, grain fin et de bonne qualité, peu délicate sur la terre.

Michaux de Ruelle (à rames, tige de 1ᵐ 40, plus rustique que le précédent, mais moins précoce de quelques jours, cosse plus longue, grain de bonne qualité.

Clamart à rames (tige de 1ᵐ, 30), variété tardive, productive et peu délicate sur le terrain.

Ridé de Knight à rames (tige de 1ᵐ, 40), plus tardive de quelques jours que la précédente, grain carré très ridé, variété très sucrée.

Nain de Hollande (tige de 0ᵐ, 60), très productif et de bonne qualité.

Nain l'Évêque (tige de 0ᵐ, 40), très rustique, très bon et productif, variété la plus usitée.

Nain à châssis (tige de 0ᵐ, 18), variété très naine, propre à la culture forcée, et pour bordure en pleine terre ; peu productive.

Nain de Bretagne (tige de 0ᵐ, 20), assez productive, mais délicat, il craint la sécheresse.

Mangetout, Corne de Bélier, grande rame (tige de 1ᵐ, 45), cosse longue, très large contournée, productif et rustique.

Pour les premiers semis de pois et pour en avoir de bonne heure , les espèces qui conviennent le mieux sont :

Le Pois Michaux hatif de Hollande :

Le Pois Prince Albert.

Semer en octobre et en novembre, ces deux variétés, sauf des hivers rigoureux, peuvent fructifier en mars et en avril.

On peut prolonger le semis de ces variétés comme aussi de celles ci-dessus jusqu'à fin avril.

Les pois de Clamart et ridé de Knight peuvent se semer jusqu'à fin juin.

Panais. — Se sème depuis février jusqu'à fin avril, même culture que la carotte.

Pourpier. — Se sème à la volée, depuis le commencement d'avril jusfin août.

Il faut tenir la terre dans un état constant d'humidité.

Raiponce. — Se sème en mai et en juin, dans un endroit ombragé, très peu recouvrir la graine et avec du terreau criblé, arrosé souvent pour faciliter la germination.

Radis. — Se sème depuis février à la fin octobre ; on pourrait en semer toute l'année si l'on pouvait les garantir des gelées.

Le gros noir et le gros blanc se sèment très clair de juin à fin septembre.

La rave longue rose demande une terre légère, sablonneuse, bien ameublie, et se sème de février jusqu'à fin avril.

Roquette pour salade. — Se sème au printemps et en automne, par planches ou par rayons.

Sariette des Jardins. — Se sème au printemps ; on doit répandre la graine sur le sol sans la couvrir.

Cette plante sert comme assaisonnement dans les ragoûts et a quelques rapports avec le thym.

Scorsonère et Salsifis. — Se sèment dans une terre légère et préparée par un profond labour, depuis février jusqu'à fin avril, par planches ou par rayons.

Tétragone ou Épinard cornu. — Cette plante réussit parfaitement dans les pays chauds ; ses feuilles sont très épaisses, on les cueille pendant tout l'été, et remplacent avantageusement celles de l'épinard, qui, dans la saison chaude, monte très vite en graine.

On la sème sur couche, en janvier et en février, dans de petits pots, pour ensuite la transplanter après les gelées ; on peut semer en place en mars et en avril. La graine étant très-dure et difficile à lever, il faut la faire tremper dans l'eau pendant 2 jours.

CULTURE FORCÉE

DES HARICOTS, MELONS, TOMATES ET FRAISIERS

Dans le nord de la France, la culture forcée des légumes de primeurs nécessite de grand frais d'installation, attendu qu'il faut souvent, par des moyens coûteux de chauffage, suppléer à l'absence de la chaleur naturelle du soleil ; tandis que dans le Midi , une couche de fumier et de la litière autour des coffres sont les seuls caloriques qu'il soit nécessaire d'employer pour mener à bien une culture forcée.

Dans cette notice, nous donnons un aperçu de ce mode de culture pour les espèces que l'on peut traiter ainsi ; car il serait inutile de s'occuper de celles qui, dans le Midi, produisent toute l'année par les moyens ordinaires.

Bâches. Les Bâches sont employées de préférence pour les primeurs de tomate ; elles doivent avoir 60 centimètres d'élévation sur le derrière et 40 centimètres sur le devant ; le derrière et les côtés sont construits en maçonnerie, le devant et le dessus en châssis vitré.

Coffres. Les Coffres sont préférés pour les primeurs des haricots et des melons ; ils sont construits en planches et doivent avoir 40 à 45 centimètres d'élévation sur le derrière, et 30 centimètres sur le devant, le dessus seul est vitré.

Châssis. Les Châssis pour Bâches et pour Coffres ont 1ᵐ, 40 de long sur 1ᵐ, 30 de large ; c'est la mesure ordinaire et la plus usitée.

Paillassons. Les bons Paillassons sont faits avec la paille de seigle. On peut les faire plus longs que le châssis, mais cependant, pour la facilité du service, il vaut mieux qu'ils aient la même longueur.

Couches. Les couches se font de préférence avec du fumier de cheval mélangé avec des feuilles ou de la tannée. Le fumier provenant des chevaux de fatigue vaut mieux, il convient aussi de le prendre dans les écuries constamment habitées et dont la litière est souvent renouvelée , parce que la paille n'ayant pas eu le temps de trop fermenter, le fumier conservera plus longtemps sa chaleur.

Haricots. — Les plus estimés pour la culture forcée sont le flageolet nain hâtif de Hollande, et le nain noir hâtif de Belgique,

Semis de 1ʳᵉ saison. Ce semis doit se faire du 25 décembre au 1ᵉʳ janvier dans le coffre et sur la couche préalablement préparée deux jours avant.

La couche doit avoir 25 à 30 centimètres d'épaisseur, sur laquelle on mettra 25 à 30 centimètres de terre.

« Il est sous entendu qu'on aura creusé d'autant afin d'arriver au « niveau de la partie la plus basse du coffre. »

On sèmera en touffe 4 grains ensemble, et en ligne sur 4 rangs ; les rangs espacés de 25 à 30 centimètres et 4 touffes par rang, soit 16 touffes par châssis.

On donnera une légère mouillure au semis ; aussitôt les haricots levés, on donnera un peu d'air en soulevant le châssis d'un pouce, et graduellement, en suivant la progression de la plante, on augmentera la colonne d'air.

On devra modérer les arrosages jusqu'au moment de la floraison, et les rendre alors un peu plus fréquents, c'est-à-dire deux fois par semaine.

Tout autour du coffre et jusqu'à sa hauteur, on garnira avec de la litière sèche pour empêcher le froid de pénétrer à travers les joints des planches.

Chaque soir, au coucher du soleil ou avant, si la température l'oblige, on couvrira les coffres avec les paillassons.

Un semis fait à cette époque doit produire dans le courant de mars , et donner environ 2 kil. de légumes par châssis.

Semis de 2ᵐᵉ saison. Ce semis se fait en février et dans les mêmes conditions que le précédent, mais seulement sur 3 rangs au lieu de 4, attendu que le degré plus élevé de la température donne plus de developpement à la plante ; les arrosages doivent être aussi plus fréquents, et on doit donner un peu plus d'air après la levée.

Ce semis produit en avril.

Melons. — La couche doit avoir un peu plus d'épaisseur que pour les haricots (30 à 35 centimètres) ; l'extérieur des coffres doit être garni avec du fumier neuf que l'on renouvellera une fois ou deux dans le cours de la culture.

Le cantaloup à fond blanc est la meilleure variété pour la culture forcée.

Semis de 1ʳᵉ saison. Du 10 au 15 décembre, on sèmera en pots et sous châssis, 3 graines ensemble. — Vers le 15 janvier, on mettra en place dans le coffre et sur la couche indiquée, en ne laissant que la plante la plus vigoureuse parmi les 3 semées en pots.

Trois pieds de melons suffisent pour un châssis.

8 jours après la mise en place, et si le temps le permet, on donnera de l'air en soulevant le châssis.

En plantant, on donnera une légère mouillure, et pour entretenir la fraîcheur à la terre et éviter de revenir à des arrosages le plus souvent nuisibles au melons, il faut un mois après la plantation, pailler le sol légèrement avec de la litière bien consommée, afin d'empêcher les rayons solaires de sécher trop promptement la terre ; avec cette précaution, un arrosage tous les 10 jours suffit.

Pincements. Cette opération est la plus délicate et la plus nécessaire dans la culture des melons ; de son opportunité dépend le succès de cette culture.

Le 1er pincement se fait en pot, avant la plantation, à la 3me feuille au-dessus des cotylédons, ce pincement amène deux tiges.

Le 2me pincement se fait sur place au-dessus du 3me nœud ; il provoque la pousse de deux nouvelles tiges qui, elles-mêmes, doivent être pincées, et toujours au-dessus du 3me nœud.

C'est après ce troisième pincement que le fruit paraît ; quand il est gros comme une noix, on pince une 4me fois, à 2 nœuds au-dessus du fruit. Il faut ne laisser que deux melons à chaque plante si l'on veut obtenir du beau fruit.

Un semis fait à cette époque peut produire, suivant les hivers , du 25 mars au 10 avril, et peut donner un rendement de 5 à 6 melons par châssis.

Le semis de 2me saison se fait vers la fin de janvier et dans les mêmes conditions, en diminuant de 5 à 10 cent. l'épaisseur de la couche.

Le semis de 3me saison se fait du 15 au 20 février et dans les mêmes conditions que le précédent.

Le semis de 4me saison se fait en mars, sous châssis , sans couche, pour mettre en pleine terre et à l'air libre en avril.

Tomate. — La couche n'est pas nécessaire pour cette plante.

On sème dans la première quinzaine d'octobre sous châssis ; lorsque les plants ont de 4 à 5 feuilles, on les plante sous bâches en deux lignes. Celle du fond à 0m,30 en avant du mur, et celle du devant à 0m,30 en arrière du petit châssis vitré, les plantes distancées de 0m,50 sur la longueur.

De sorte que, dans une bâche de 1m,30 de large, 60 cent. étant occupés par les plantes, il reste entre les deux lignes un espace vide de 70 cent.; la terre de cet espace est destinée à chausser les plantes et à établir les rigoles pour les arrosages à l'eau courante.

Le premier pincement a lieu après la mise en place des plants et aussitôt que le premier bouquet paraît, en supprimant les deux tiges qui poussent à côté du bouquet ; cette opération refoule la séve et fait produire 5 à 6 nouvelles tiges. — On en supprime deux, et à mesure que les bouquets arrivent sur celles qui restent, on continue à pincer les tiges qui naissent à côté.

On maintient la plante dans cet état en détruisant les tiges gourmandes au moment où elles poussent.

On chausse la plante lorsqu'elle a atteint un certain développement. — Ainsi que nous l'avons dit plus haut, c'est avec la terre laissée libre entre les deux lignes de plants, que l'on fait cette opération.

Les arrosages se règlent, suivant la température, avec l'arrosoir à pomme d'abord, et à l'eau courante vers le milieu de mars.

Au fur et à mesure que la plante se développe, on doit la palisser contre des treillages établis à cet effet, cette opération empêche les branches de s'abîmer en traînant sur le sol, en même temps qu'elle hâte la mâturité du fruit qui, se trouvant alors plus rapproché des verres, reçoit plus de chaleur.

Le semis d'octobre produit dans le courant d'avril.

Pour utiliser la bâche jusqu'au moment de chausser les tomates, on peut y semer des graines de radis ronds ou demi-longs.

Fraisiers. — Les plus estimés pour cette culture sont : Princesse Royale, Comtesse de Marne, Comte de Paris.

La culture forcée des fraisiers ne nécessite ni le concours des bâches, ni celui des coffres et des couches ; un simple châssis vitré, posé à 25 cent. au-dessus des plantes, suffit.

On prendra des œilletons au mois de juillet, que l'on mettra en pleine terre dans un carré préparé, en les plaçant de deux en deux à 20 cent. de distance : au mois d'octobre, on relèvera les plantes avec leur motte pour les mettre en pleine terre sous châssis ; à raison de 20 plants par châssis, on donnera de l'air chaque fois que la température le permettra et quelques arrosages.

PROCÉDÉ

POUR LA DESTRUCTION DES INSECTES

Courtillières. Arroser avec une petite quantité d'huile battue, émulsionnée avec 20 ou 30 fois son volume d'eau.

Puceron lanigere. — Délayer 125 grammes de savon noir dans un litre d'eau de pluie, imbiber une éponge de cette eau, et la passer partout ou la présence du puceron se fait remarquer.

Un autre moyen à employer dans les bâches et que nous mettons souvent en pratique dans nos serres, consiste dans une fumigation de tabac ; il suffit pour cela de mettre des feuilles de tabac ou des bouts de cigares sur des charbons ardents, et de fermer bien hermétiquement la bâche, afin que la fumée ne s'en échappe pas.

Fourmis. — Entourer le pied du végétal, à la partie la plus unie du tronc ou à l'endroit le plus saillant de la plante, une ficelle imbibée d'essence de térébenthine.

Les fourmilières se détruisent en ouvrant les monticules qui les font reconnaître et en y répandant une poignée de sel marin pulvérisé.

Indépendamment de tous ces procédés, il en est un que nous expérimentons souvent et qui nous réussit très bien : nous voulons parler de l'Insecticide Vicat.

Cuscute. — La destruction de la cuscute dans les luzernières consiste dans l'arrosement avec une solution de sulfate de fer, dans les proportions de 100 kil. pour 3 hectolitres d'eau.

Le Tigre ou Punaise. — Petit insecte qui s'attaque aux poiriers ; il est assez difficile de le détruire : la seule manière d'y parvenir consiste à couper, dès le début, les feuilles qui en sont atteintes ; car, si l'on tarde, les œufs dont ces feuilles sont couvertes éclosent, l'insecte se développe et ses ravages s'étendent partout. Il faut brûler de suite les feuilles coupées.

GRANDE CULTURE

PLANTES FOURRAGÈRES

Agrostis traçante. — Au point de vue fourrager, cette plante ne mérite pas d'être préconisée, mais elle a des qualités qui peuvent la rendre utile :

1° Celle de réussir dans de mauvais terrains, tels, par exemple, que les sols tourbeux, les sables froids et humides et qui conservent l'eau à la surface l'hiver.

2° Celle d'une végétation presque continuelle et de conserver sa fraîcheur en hiver.

Aussi peut-elle s'employer dans certains cas et surtout dans les mélanges pour former les gazons dans les sols médiocres.

Semée seule, il en faut 15 k. à l'hectare.

Ajonc ou jonc marin. — Cet arbuste sert, dans le Midi, plutôt pour clôture que pour fourrage ; cependant, ses tiges, une fois écrasées, pour en émousser les piquants, ou macérées sous les coups du maillet, fournissent une assez bonne nourriture pour les bestiaux ; on sème en mars, en avril ou en septembre et octobre, 16 kilog. par hectare.

Avoine. — L'avoine grise est celle employée de préférence par les cultivateurs du Midi ; un terrain frais et substantiel lui convient. On la sème plutôt à l'automne qu'au printemps ; les semis d'automne peuvent se pâturer en février. Il faut sarcler à la fin de février pour donner à la plante plus de force et en accélérer la végétation. A la fin de juin, on la fauche et on la dépique comme le blé.

Betterave champêtre et Betterave de Silésie. — Ces deux espèces de betteraves sont essentiellement propres à la nourriture des moutons et à l'engraissement du bétail à cornes.

La betterave champêtre, connue sous le nom de racine de disette, est rose et longue ; sa racine croît hors de terre et donne, par conséquent moins de peine à arracher et à nettoyer.

La betterave de Silésie est blanche, tant extérieurement qu'intérieurement ; elle est aussi rustique, aussi productive et plus sucrée que la précédente ; elle est moins sensible à la gelée et craint moins la sécheresse, par la raison que ses racines s'enfoncent plus profondément ; renfermant plus de substances nutritives, elle est principalement recherchée pour l'extraction de l'alcool et la fabrication du sucre.

On peut semer en mars, lorsque l'on n'a plus à craindre de fortes gelées, jusqu'à fin avril, soit en pépinière, soit en lignes distantes de 9 pouces, soit à la volée ; dans tous les cas, on doit laisser les plants très clairs au premier sarclage, afin qu'ils puissent prendre tous leurs développements.

Les semis en pépinière et en lignes demandent 3 kil. de graines par hectare, et 5 kil. pour celui à la volée.

Blé noir ou Sarrasin. — Le Sarrasin est une récolte précieuse pour les sols pauvres ; néanmoins, il présente aussi des avantages qui peuvent le faire admettre dans des sols de meilleure qualité ; son grain est très estimé pour l'engraissement de la volaille et des cochons.

Cette plante, fauchée en fleurs, forme un assez bon fourrage ; c'est encore un bon engrais végétal, en l'enterrant à la charrue, lorsqu'elle est en fleurs.

Le Sarrasin craint excessivement le froid ; il ne doit donc pas être semé avant le mois de mai, et on peut continuer de semer jusqu'en fin juillet.

Il en faut environ un hectolitre pour un hectare.

Brome des prés. — Gramen trop médiocre pour employer dans de bons terrains, comme prairies à faucher, mais devenant utile dans les sols pauvres ; c'est ainsi que dans une terre trop médiocre même pour le sainfoin, le Brome des prés donne des résultats satisfaisants.

Il est également propre à former des gazons d'agréments ; et pour cet usage, dans les terres trop sèches et où il y a peu d'arrosage, il est préférable au Ray-Grass anglais.

Il faut semer de mars en mai, ou en septembre et octobre, à raison de 50 kilog. par hectare.

Brome de Schrader. — Cette graminée, récemment préconisée donne lieu à des appréciations différentes sur son mérite, suivant le climat sous lequel elle est cultivée. Mais jusqu'à présent, ces appréciations, même les plus favorables, ne justifient pas entièrement ce qui a été écrit sur cette plante.

Nous croyons qu'il y a lieu de faire de nouveaux essais avant de se prononcer d'une manière certaine.

Voici, cependant, des renseignements très consciencieux que nous devons à l'obligeance d'un cultivateur distingué du département du Var, qui cultive cette plante depuis deux ans :

« Le Brome de Schrader est une plante fourragère essentiellement rustique ; elle est vivace et paraît avoir la même durée que le fromental, mais elle a sur ce dernier l'avantage de la frugalité, en ce sens qu'elle réussit même sans engrais.

« Ce Brome vient indistinctement au sec et sur les terrains irrigués ; seulement, comme toutes les plantes en général, il donne de meilleurs résultats dans les terrains légers, sablonneux, et surtout fertile. »

Au sec, on le sème dès les premières pluies de septembre, sur labour avec ou sans fumure ; il fournit une coupe bien nourrie en mai et parfois, si les pluies surviennent, une autre à la fin de juin. —Il se dessèche à la surface, pendant les grandes chaleurs, jusqu'aux premières pluies, pour repousser de nouveau et donner, sinon une troisième coupe, du moins toujours un bon pâturage pour les bêtes à laine pendant l'hiver, pâturage qui brave impunément les froids les plus rigoureux.

Dans les terrains irrigués, on le sème aussi en septembre, et parfois en mars, à raison de 40 kilog. par hectare ; là, il donne régulièrement trois coupes qu'on peut appeler luxuriantes, si le terrain a été bien fumé ; dans le cas contraire, son produit dépasse encore celui d'une bonne luzernière.

Le fourrage, il faut l'avouer, est grossier ; cependant il est assez nutritif. — Somme toute, c'est une plante fourragère très agreste, dont l'introduction et la culture ne peuvent qu'amener d'excellents résultats agricoles.

Carotte blanche à collet vert. — C'est de toutes les qualités de carottes la plus propre à la grande culture ; elle est d'un aussi grand produit que la betterave champêtre, et offre le précieux avantage d'être une excellente nourriture pour les chevaux. Elle convient aussi pour toute espèce de bétail.

Elle a l'avantage de pouvoir se passer de fumure, mais elle demande une terre légère et un bon labour.

Semer en place au printemps, de 5 à 6 kilog. de graines par hectare.

Chicorée sauvage. — C'est un fourrage très productif et précoce. Fauchée en vert, la chicorée sauvage est une excellente nourriture pour les vaches laitières et surtout pour les cochons. Cependant, il est convenable de ne pas la donner seule aux vaches. Cette plante a l'avantage de réussir avec les plus fortes sécheresses. Les terres argileuses ou de consistance moyenne sont celles qui lui conviennent le mieux.

Elle convient aussi pour le pâturage des moutons.

On sème à la volée peu profondément, en mars et en avril, septembre et octobre ; il faut de 12 à 15 kilog. de graines par hectare.

Choux Cavalier, rutabaga et autres. — Pour la nourriture du bétail à cornes, des porcs et des bêtes à laines, les choux offrent une ressource précieuse.

On doit semer en mars, en pépinière, pour être mis en place en mai, les choux qui sont destinés à être consommés avant l'hiver ; et au mois d'avril, pour être transplantés en juin, ceux destinés à la consommation des mois de février et de mars.

Chou colza d'hiver et du printemps. — Bien que le but principal de la culture du colza soit pour l'huile que l'on retire de sa graine, on peut, néanmoins, le faire servir pour fourrage. Dans cette vue, il doit être semé comme les autres qualités de choux, et dans les mois de juillet, août et septembre.

Le colza de mars ne se sème qu'en mars et en avril.

Il faut environ de 5 à 6 kilog. par hectare.

Dactyle pelotonne. — Quoique le foin de cette plante ne soit pas de première qualité, parce que les tiges sont grosses et qu'elles durcissent promptement ; cependant, lorsqu'elle est employée convenablement, c'est-à-dire, quand on la coupe en vert de bonne heure, elle fournit des produits abondants, car elle repousse et se maintient mieux que presque aucune autre graminée ; ces considérations doivent la rendre recommandable aux cultivateurs. Elle réussit sur des terrains secs.

On sème au printemps et en automne, de 40 à 45 kilog. de graines par hectare.

Fétuque des prés. — L'une des meilleures plantes que l'on puisse employer pour l'ensemencement des bas prés, à cause de l'abondance de ses produits.

Il faut la semer au printemps et en automne, et demande 50 kilog. de graines par hectare.

Fétuque élevée. — Espèce plus tardive, plus forte et plus durable que la précédente.

Fétuque ovine. — Espèce propre surtout au pâturage pour les moutons.

Fléole. — Plante fourragère d'un assez grand produit, mais d'un foin très gros, Graminée tardive, convenant particulièrement aux terrains humides, soit argileux, tourbeux ou sablonneux.

Se sème en automne et au printemps à raison de 10 kilogrammes de graines par hectare.

Flouve odorante. — Cette graminée ne peut s'employer qu'en petite quantité dans les mélanges des prairies à faucher , à cause de l'odeur aromatique qu'elle donne au foin , encore dans les prairies humides y a-t-il à craindre qu'elle réussisse mal ; seule elle ne saurait être employée avantageusement.

Fromental ou avoine élevée. — Cette graminée , une des plus productives, forme la base des prairies irrigables ; placée dans de bonnes conditions et fumée chaque année ou au moins tous les deux ans, elle présente de grands avantages.

La première année, son produit est médiocre. Ce n'est que la deuxième et le troisième année qu'elle est en plein rendement.

Quelques agriculteurs, pour utiliser la première coupe, lui associent une petite quantité d'avoine ordinaire qui , coupée en vers avec le fromental, donne un fourrage assez abondant.

Nous ne faisons que signaler ce moyen, sans cependant le conseiller ; il a bien réussi à quelques propriétaires.

Le mélange le plus usité est celui du grand trèfle violet, dans une proportion de 5 kilog. par hectare.

On sème en automne et au printemps environ 120 à 130 kilog. par hectare.

Nous ajoutons à cet article les modifications qui se sont produites depuis sa rédaction qui date de 1854. Vers cette époque, une variété de fromental cultivée dans une petite localité du département du Var (à Tourves) fut importée à Marseille, où elle causa une grande sensation chez les propriétaires, qui transformaient en prairies leurs champs de vignes.

Jusqu'alors le fromental ordinaire, connu de tous les agriculteurs, avait été le seul employé. Ce fromental ne donne qu'une première coupe abondante ; la seconde est à peine fauchable, tandis que la troisième ne peut servir que de pâturage.

La variété récoltée à Tonrves, au contraire, remonte trois fois et conséquemment peut se faucher trois fois. Mais cet avantage n'est pas sans inconvénients.

Comme qualité, son foin est tellement inférieur que les chevaux le rebutent.

Recoltée dans des prairies, où pour tout mélange il n'y a que de la luzerne, sa graine est dépourvue du mélange des essences qui forment le fond des bonnes prairies, garnissent le pied du fromental, améliorent le fourrage et donnent du poids au foin. Nous avons plus d'une fois constaté que deux coupes faites avec le fromental ordinaire, donne un poids équivalant les trois coupes faites avec le fromental de Tourves.

Nous concluons donc que ce dernier, semé seul, présente des inconvénients, et que le mélange des deux variétés est ce qu'il y a de mieux. Ce mélange, fait dans la proportion de un tiers de fromental de Tourves sur deux tiers de fromental ordinaire, donnera trois coupes abondantes et un fourrage de première qualité.

La proportion de un tiers sur deux tiers établit une part égale de graines de l'une comme de l'autre variété, attendu que le Tourves est plus léger d'un tiers.

Garousse ou Gessette. — Cette plante a l'avantage de réussir parfaitement dans les mauvaises terres ; son fourrage est très estimé pour les moutons.

On la sème en automne ; il faut environ 3 hectolitres de graines par hectare.

Garance. — Cette plante aime une terre sablonneuse, légère, préparée par de bons et profonds labours. Il faut lui consacrer des engrais abondants, tant au moment de la plantation que dans le cours de l'année suivante. Le terrain étant préparé, on le divise en planches de 4 à 5 pieds de large.

On sème à la volée et très clair, depuis le commencement de mars jusqu'à fin mai, ou mieux, par rayons en ligne à la distance de 15 à

18 pouces; on tient le sol parfaitement net de mauvaises herbes par de fréquents binages lorsque les plantes grandissent.

Il convient de chausser la garance l'année suivante.

Il faut 150 kilog. de graines par hectare.

Gesse ou pois carré. — Ce fourrage annuel n'est pas très difficile pour la qualité du sol; il réussit facilement sur des terres fortes ou légères, pourvu, toutefois, qu'elles ne soient pas humides; il est très bon pour les moutons.

La récolte de la graine sert à faire de bonnes purées.

On le sème en février, mars et avril et demande 240 à 250 kilog. par hectare.

Houque laineuse. — Graminée qui convient pour les terrains frais où elle croît abondamment; mêlée avec un peu de grand trèfle, elle fait un excellent fourrage et est très bonne en pâturage.

On la sème au printemps et en automne; 50 kilog. de graines par hectare.

Lin. — On cultive le lin plus particulièrement pour l'huile que l'on tire de sa graine. Cependant, on l'emploie quelquefois pour fourrage; il demande une terre légère et préparée par de bons labours.

Les semis se font à la volée, en automne ou au printemps.

Lentilles. — Il faut aux lentilles un sol de consistance moyenne.

Indépendamment de la graine, qui est alimentaire, sa paille donne un très bon fourrage.

On sème en mars, en ligne, environ 1 hectolitre 1/2 de graines par hectare.

Lupin blanc. — Cette plante, enfouie pendant sa floraison, procure un excellent engrais; elle est également employée pour le pâturage; macérée dans l'eau, elle sert d'aliment au bœuf; son avantage est de prospérer sur de très mauvaises terres.

On sème en mars et en avril, de 125 à 130 kilog. de graines par hectare.

Lupuline ou Minette dorée. — Les sols calcaires paraissent convenir particulièrement à cette plante; elle est bisannuelle comme le farouche, et réussit mieux que ce dernier dans les terres fraîches; dans les sols très pauvres: elle n'est propre qu'à être pâturée.

Comme le trèfle farouche, elle peut se semer avec les grains du printemps, à raison de 18 kilog. par hectare.

Elle ne fournit généralement qu'une coupe.

Luzerne. — Tous les agriculteurs connaissent, en général, les grands avantages qu'offre cette plante qui est, sans contredit, uue des plus productives : elle demande une terre saine et profonde, car, plus les racines trouveront de profondeur, plus on obtiendra d'abondants fourrages.

Il est aussi reconnu que la luzerne réussit parfaitement dans les terres peu profondes et d'une médiocre fertilité, mais avec des résultats moindres.

Les semis se font en septembre et octobre , et de février en avril ; comme pour toutes les graines fines, il convient, en la semant, de la mêler avec du sable. Pour bien ensemencer une luzernière, il faut environ de 23 à 25 kilog. de graines par hectare.

Maïs ou blé de Turquie. — Céréale d'une incontestable utilité , surtout dans les grandes exploitations, à cause de l'abondance de ses produits.

Son grain, d'un rendement considérable, sert à la nourriture de tous les animaux.

Sa tige et ses feuilles sont un excellent fourrage vert pour les chevaux, les bœufs, etc.

Les enveloppes intérieures qui recouvrent les épis, servent pour la garniture des paillasses.

Si on ne la cultive uniquement que comme plante fourragère, elle donnera pendant 3 ou 4 mois en abondance du meilleur fourrage vert , en la semant tous les 15 à 20 jours, à partir du 15 mars à fin mai, à raison de 50 à 55 kilog. de graines par hectare.

Les terres fraîches ou arrosables, légères plutôt que fortes, sont celles qui lui conviennent le mieux, elle demande de bonnes fumures et de profonds labours.

Moutarde blanche. — On sème la graine de moutarde blanche le plus ordinairement en avril, mais on peut cependant prolonger le semis jusqu'au 15 juin.

Cette plante exige un sol meuble, un peu frais et fertile ; on la sème à la volée, à raison de 10 kilog. de graines par hectare.

Navette. — La navette peut servir de fourrage, en la semant sur les chaumes après moisson, à raison d'environ 6 à 8 kilog. de graines par hectare. Les terres légères, sablonneuses, sont celles qui conviennent le mieux à cette plante.

On la sème à la volée, en juin et juillet, jusqu'à la fin de septembre.

Panais. — Les procédés de cette culture sont les mêmes que pour les carottes ; il faut seulement que le panais soit éclairci davantage, à cause des plus grandes dimensions de ses feuilles. Il faut de 5 à 6 kil. de graines pour un hectare.

Paturin des prés. — Plante traçante et précoce, résistant bien dans les terrains secs, mais s'y développant peu, tandis que sur les sols humides, elle devient assez grande et très fourrageuse. Son foin est de qualité médiocre.

Semer à l'automne ou au printemps 25 kilog. par hectare.

Paturin des bois. — Graminée rustique, peu difficile sur le terrain, pourvu qu'il soit sec. Dans les jardins d'agrément, on peut l'employer pour gazonner les parties ombragées par de grands massifs d'arbres. Dans ce cas seul, on doit la préférer au ray-grass anglais, attendu que ce dernier ne s'y comporterait pas bien ; elle mérite aussi d'être cultivée pour les pâturages précoces.

Semer à l'automne et au printemps 25 à 30 kilog. de graines par heetare.

Pois gris. — Fourrage très estimé, particulièrement pour les moutons ; c'est une plante annuelle, d'une végétation rapide. Les terres à froment peu humides lui conviennent le mieux.

On doit semer les pois gris en février et en mars, 26 à 28 décalitres de semence par hectare.

Pimprenelle. — Le grand mérite de cette plante est de fournir d'excellentes pâtures sur les terres pauvres et sèches ; elle résiste aux plus fortes sécheresses comme aux plus grands froids ; elle offre surtout une ressource très précieuse en hiver pour la nourriture des troupeaux ; son fourrage vert convient à tous les animaux.

L'époque ordinaire des semis est en automne et au printemps. Il faut de 30 à 35 kilog. de graines par hectare.

Raifort champêtre. — Cette plante est cultivée plus particulièrement pour la nourriture des vaches.

On la sème au printemps et en automne ; elle réussit très bien dans les terres légères et pauvres ; 5 à 6 kilog. de graines par hectare.

Ray-Grass d'Angleterre. — Dans le midi de la France, on ne l'emploie généralement que pour former des tapis de verdure ; mêlé avec le trèfle nain blanc de Hollande, il forme un très beau gazon. Pour cet usage, il convient de semer très épais, environ 2 kilog. par are. Sur cette quantité, on peut y mêler 100 à 200 grammes de trèfles blancs.

Le Ray-Grass demande une terre fraîche et un arrosage fréquent ; pour qu'un gazon soit de longue durée, il convient de le tondre souvent, et de lui donner un coup de rouleau après chaque tonte.

Les semis se font en automne et au printemps, à la volée et le plus régulièrement possible ; la graine doit être légèrement recouverte de terre.

Employé en bordure, il faut environ 1 kilog. pour semer 80 à 100 mètres de longueur.

La qualité nourrissante de cette plante la fait placer parmi les fourrages les plus estimés ; broutée par les bestiaux, elle ne repousse qu'avec plus de vigueur.

Ray-Grass d'Italie. — Il ne prospère pas dans tous les terrains, mais il est d'un très grand produit dans une terre fraîche et humide ; il est surtout remarquable par son extrême précocité et la promptitude avec laquelle il repousse après avoir été fauché ; mêlé avec le fromental, dans la proportion de 20 kilog. par hectare, la prairie rend alors, dès la première année, de deux à trois coupes.

On le sème ordinairement au printemps et en automne, 50 kilog. par hectare.

Ray-Grass des Alpes. — La difficulté d'établir dans le Midi des gazons qui résistent à l'ardeur solaire des mois de juillet et août, nous a fait rechercher les espèces qui, par leur rusticité, pourraient braver les deux mois les plus chauds de l'année ; nous ne dirons pas que nous avons complètement réussi avec les Ray-Grass des Alpes, mais du moins nous pouvons affirmer que c'est la variété qui, jusqu'à ce jour, a le moins souffert de notre climat.

Semer en automne et au printemps à raison de 5 kilog. par are. Arroser et tailler souvent en été.

Sainfoin ou Esparcette. — Le sainfoin réussit très bien dans les terrains médiocres, pierreux, calcaires et même sablonneux.

A moins qu'il ne soit placé dans un sol très riche, il ne donne qu'une coupe ; mais soit en vert, soit en sec, il y a peu de fourrage plus substantiel pour le bétail.

Lorsqu'on le destine à être fauché et qu'on veut entretenir sa du-

rée, on doit éviter de faire pâturer le regain, surtout dans les premières années.

Dans le terroir de Marseille, on sème le sainfoin avec les céréales
d'automne et du printemps pour avoir une récolte de fourrage après
celle du blé ou de l'avoine ; pour cet usage, on emploie en graine
de sainfoin la quantité double de celle des céréales.

On sème au printemps et en automne. 45 à 50 décalitres de graines par hectare.

Sorgho à balais. — Plante annuelle ressemblant au maïs, très propre à former des abris pour la culture de certaines plantes et no-
tamment du tabac ; elle s'élève jusqu'à trois mètres de hauteur dans
les terres grasses et fraîches. Son grain sert à la nourriture de la
volaille, et de sa paille on en fait des balais. Elle peut aussi s'employer comme fourrage vert.

Semer en avril en ligne de préférence.

Sorgho à Sucre. *Canne à sucre de la Chine*. — Plante introduite en
France en 1851, par M. de Montigny, consul de France à Sanghaï
(Chine), dont les produits excessivement nombreux ont fait l'objet
d'un ouvrage en 2 volumes, publié par M. le docteur Sicard, de
Marseille.

Nous renvoyons à cet ouvrage intéressant à plus d'un titre pour
les indications précises sur cette plante. Nous dirons seulement,
qu'indépendamment des produits extraits de la canne, en sucre, alcool, etc., et des graines en priucipes colorants ; cette plante est
encore précieuse au point de vue de son fourrage, d'après M. Sicard,
un semis fait le 8 juillet 1857, sans fumier et sans arrosement, avait
acquis, à la fin du mois d'octobre, une hauteur de 70 cent., quand
la gelée vint interrompre sa croissance. Il donna néanmoins un rendement de 4,000 kilog. de fourrage sec à l'hectare.

Spergule. — Plante annuelle propre aux terrains frais, s'élevant peu ;
elle convient beaucoup à la nourriture des vaches, car celles qui en
sont nourries produisent un beurre d'une qualité supérieure.

Enterrée en vert, elle peut servir d'engrais; on sème après le blé,
quelquefois au printemps, 12 à 15 kilog. de graines par hectare.

Trèfle incarnat ou farrouche. — L'avantage que présente cette
plante est de pouvoir être semée en juillet et en août, après une céréale
ou récolte d'un autre genre, pour être fauchée au printemps. laissant
alors le terrain libre pour le planter en pommes de terre, hari-

cots, etc., de sorte qu'elle occupe la terre dans un intervalle où elle n'aurait rien produit.

Comme fourrage, il est sans doute inférieur au trefle commun , mais consommé en vert, les bestiaux en sont assez friands. Il arrive, du reste, à une époque où les animaux ne sont pas difficiles sur le fourrage vert.

Elle est peu délicate sur le choix du terrain. Cependant, les sols légers, sablonneux, lui conviennent mieux que les terres argileuses.

Il faut 23 à 25 kilog de graines par hectare.

Trèfle commun ou grand Trèfle de Hollande. — On apprécie partout les grands avantages de sa culture. Cette plante se sème presque toujours avec les céréales du printemps ou sur le blé, le seigle, l'orge ou l'avoine, Le trefle aime les terrains frais et profonds ; il réussit assez bien sur les sols argileux convenablement amendé.

On sème au printemps et en automne, 16 à 18 kilog. de graines par hectare.

Trèfle blanc de Hollande. — Cette espèce est particulièrement propre au pâturage des moutons. Le trefle blanc résiste bien dans les terres sèches ; on l'emploie fréquemment et avec beaucoup d'avantage pour former des tapis de verdure avec le Ray-Grass d'Angleterre. Il faut environ 12 à 14 kilog. de graines par hectare. On sème depuis février jusqu'à la fin avril.

Vesce d'hiver et Vesce du printemps. — Très bon fourrage annuel, propre à utiliser les jachères. Un de ses principaux avantages est de pouvoir être semé jusqu'à la fin avril sur des terres fortes et fraîches ; la Vesce du printemps se sème de janvier en avril, et celle d'hiver se sème en automne ; la grande humidité de certains hivers expose la dernière à périr ; aussi convient-il mieux de l'ensemencer dans un terrain léger et sec,

On coupe le fourrage quand il est en fleur ou après son **entière** maturité si l'on tient plus à la graine qu'au fourrage.

La quantité ordinaire de semence est de **22** à **25** doubles décalitres de graines par hectare.

Il est bon de semer avec les vesces un peu d'avoine ou de seigle pour les soutenir.

DES GAZONS

Les beaux gazons sont plus difficiles à obtenir dans le Midi que dans le Nord, cela tient à des conditions climatériques devant lesquelles il faut s'incliner. Mais sans prétendre avoir des gazons aussi luxuriants que ceux de la brumeuse Angleterre, on peut du moins, avec des soins, obtenir des résultats très satisfaisants.

Dans la création des pelouses, on néglige trop souvent les précautions les plus élémentaires ; il semble qu'un simple coup de bêche donné au sol suffit pour établir une belle pelouse ; c'est une grave erreur ; la durée et la beauté d'un gazon dépendent en grande partie de la préparation plus ou moins bonne qu'on aura fait subir au sol.

L'emplacement destiné à un gazon doit être fumé, ameubli par 1 ou 2 labours, hersé, épierré et façonné de manière à rendre la surface aussi unie que possible ; si l'on sème de suite après cette préparation du sol, il est avant nécessaire de passer le rouleau pour bien tasser la terre, car, sans cette précaution, les graines s'enfonceraient dans le sol trop irrégulièrement, germeraient mal et plus lentement.

Les semis se font de préférence à l'automne et au printemps, à cause des pluies qui sont assez fréqnentes à ces époques de l'année ; on peut aussi semer en été, mais alors il faut arroser avec l'arrosoir à pomme 2 fois par jour au moins, jusqu'à la levée.

On répand la graine à la volée le plus régulièrement possible ; après on passe le rateau pour recouvrir la graine, de manière à ce qu'elle soit modérément enterrée, et enfin, on roule ensuite pour que la surface redevienne bien unie.

Après ces travaux préliminaires que nous venons d'indiquer, viennent les soins d'entretiens, qui sont d'une nécessité absolue pour la durée et la beauté du gazon ; ils se bornent à des arrosages fréquents, au moins une fois le matin et une fois le soir en été, des tontes réitérées (tous les 15 jours), des sarclages suivis, des roulages après chaque tonte, et enfin, une fumure chaque année au mois de février.

Le Ray-Grass anglais est la graminée qui donne le plus beau gazon. Dans les jardins de peu d'étendue, où on peut lui donner tous les soins qu'il réclame, il est préférable de le semer seul ; il est vrai que son emploi exclusif entraine la nécessité de le refaire presque tous les ans. parce qu'il dure peu. mais nous le répétons, c'est lui qui donne les pelouses les plus vertes et les plus belles.

Pour des pelouses d'une certaine étendue, nous conseillerons les mélanges suivants, appropriés à diverses natures de sol et de position.

Pour les sols légers et frais, en calculant sur une quantité de 125 kilog. de graines par hectare.

Ray-Grass Anglais	1/2	de la quantité totale.
Paturin des bois	1/10	»
» des prés	1/10	»
Fétuque menue	1/10	»
Fromental	1/10	»
Ray-Grass des Alpes	1/20	»
Agrostis	1/20	»

Pour les sols sablonneux et secs.

Ray-Grass des Alpes	1/2	de la quantité totale.
Brome des prés	1/10	»
Fétuque ovine	1/10	»
Fromental	1/10	»
Paturin des bois	1/10	»
» des prés	1/20	»
Agrostis	1/20	»

Sol ombragé et sous bois si les arbres sont assez élevés pour laisser circuler l'air.

Ray-Gras Anglais	1/2	de la quantité totale.
Paturin des bois	1/10	»
Brome des prés	1/10	»
Fétuque traçante	1/10	»
Fromental	1/10	»
Paturin des prés	1/20	»
Agrostis	1/20	»

Il peut paraître étrange que le Ray-Grass anglais, dont la durée est tout au plus bisannuelle, entre pour moitié de la quantité totale de graines nécessaires à un hectare, dans les mélanges ci-dessus ; en voici l'explication :

Le Ray-Grass anglais germe très vite et forme plus rapidement gazon que les autres espèces, qui sont plus lentes à développer leurs feuilles ; il couvre le sol de sa verdure et le garnit en grande partie pendant que les autres graminées restent encore grêles et frèles, — il se détruit peu à peu, donnant le temps aux autres de grandir et de s'étendre et enfin disparaît complètement lorsque ses congénères sont parfaitement installées.

Depuis quelques années, à Marseille, on emploie exclusivement le froment pour gazonner les squares et les grandes pelouses. Sans doute, comme beauté, il est loin de valoir le Ray-Grass anglais, seulement il a l'avantage sur ce dernier de résister plus longtemps à notre température sèche. C'est ce qui lui fait accorder la préférence ; dans ce cas, on le traite absolument comme le gazon et on le fauche également tous les 15 jours.

TABLEAU

des quantités de graines fourragères nécessaires pour semer un hectare, soit 10,000 mètres carrés, et une carterée, soit 2,000 mètres carrés, mesure locale.

NOMS.	Quantité par HECTARE.	Quantité par CARTER	NOMS.	Quantité par HECTARE.	Quantité par CARTER
	kilog.	*kilog.*		*kilog.*	*kilog.*
Ajonc ou jonc marin	15	3	Maïs de Turquie...	50 à 55	10
Agrosties.........	15	3	» quarantain...	200	40
Betterave champêtre	5	1	» à poulet	170 à 175	35
» de Silésie.			Millet commun....	45	9
Blé noir ou Sarrazin.	1 hectol.	20 litr.	Moutarde	10	3
Brome des prés	50	10	Navette..........	8	2
» de Schrader .	40	8	Panais...........	6	1
Carotte bl. à col. vert	6	1 1/2	Paturin des prés...	25	5
Chicorée sauvage...	12 à 15	3	» des bois...	30	6
Chou colza........	5 à 6	1	Pois gris..........	26 décal.	5 décal
Dactyle pelotonné..	45	9	Pimprenelle.......	35	7
Fétuque des prés...	50	10	Raifort champêtre. .	5	1
» élevée.....	50	10	Ray-grass anglais..	50	34
» ovine.....	50	10	» p' gazon.	125	
Fléole...........	10	2	». d'Italie..	50	10
Fromental	120 à 130	25 à 30	» des Alpes.	50	34
Garousse.........	3 hectol.	60 litr.	Sainfoin ou Esparcet	45 décal.	9 décal
Garance	150	30	Spergule.	12 à 15	3
Gesse au Pois carré .	250	50	Trèfle incarnat	23 à 25	5
Houque-laineuse...	50	10	» commun	16 à 18	4
Lentille....	1 hec. 1/2	30 litr.	» de Hollande	14	3
Lupin blanc.......	125 à 130	25	Vesce d'hiver	5 hectol.	1 hect.
Lupuline..........	18 à 20	4	» printemps...		
Luzerne	23 à 25	5			

GRAINES DE FLEURS

Semis: — Il y a différents modes de semis à employer pour les graines de fleurs.

    Le semis en pépinière,
    Le semis en place,
    Le semis sur couche,
    Le semis sous châssis.
    Le semis en pots et en terrines.

On nomme pépinière, une planche de terre préparée pour recevoir les graines, des plantes annuelles ou vivaces, et les y élever jusqu'au moment où le plant étant fort, peut se mettre en place à l'endroit du jardin qui lui est destiné. On sème en pépinière les plantes qui peuvent et doivent se repiquer.

Le semis en place se pratique pour les plantes qui n'exigent pas essentiellement la transplantation, et celles qui ne la supportent pas.

Le semis sur couche a lieu pour les plantes dont on veut avancer la floraison, et pour celles qui ont besoin de cette chaleur factice pour lever plus sûrement.

Il se pratique dans des pots ou des terrines, au fond desquels on met 2 à 3 centimètres de petits graviers pour faciliter l'écoulement des eaux. Ensuite on enterre les pots dans la couche préparée avec du fumier. recouvert de 10 à 15 centimètres de tannée ; la température de la couche ne doit pas excéder de 25 à 30 degrés centigrades ; le concours du châssis est l'auxiliaire obligé des semis sur couche.

Une terre douce, légère, est nécessaire pour les semis des graines de fleurs.

Il est assez difficile de préciser la profondeur à laquelle on doit enterrer les graines, car les appréciations que nous pourrions donner seraient plus ou moins justes ; mais partant de ce principe, que les graines doivent très peu être recouverte de terre, le semeur appréciera lui-même qu'une graine de la grosseur d'un pois peut s'enterrer d'avantage que celle fine comme du sable ou du tabac en poudre.

L'humidité et la chaleur sont les deux agents principaux pour faciliter la germination. Or, il est urgent, après le semis, d'entretenir la terre dans un état constant d'humidité, en arrosant légèremeut, peu à la fois et souvent.

Soins à donner aux plantes.

Eclaircissage, c'est-à-dire, ôter un certain nombre de plants lorsque le semis est trop serré, de manière à laisser une distance entre les plantes et les empêcher de s'étioler.

Repiquage; relever le plant avec précaution, sans abîmer le chevelu, pour le mettre en place ; éviter autant que possible que les racines soient trop longtemps exposées à l'air.

Arrosage. Nous avons indiqué à la page 5, l'eau la meilleure pour les arrosages ; nous ajouterons qu'ils doivent être modérés dans le principe, augmentés graduellement, et enfin être assez fréquents au moment où la plante est à boutons.

Dispositions des plantes dans les massifs.

Le goût, la symétrie, l'harmonie des couleurs, doivent naturellement présider à l'organisation des massifs. C'est en groupant les plantes suivant leur hauteur, leur couleur, l'époque de leur floraison qu'on obtient des massifs fleuris de la base au sommet.

On divise les massifs par 1er, 2me et 3me plants. Au 1er plant, on place les plantes les plus basses. Au 2me, celles un peu plus hautes, et au 3me, les plus grandes; en choisissant cependant celles qui fleurissent à la même époque et dont les nuances s'allient bien entr'elles.

On fait aussi des massifs avec une seule variété et ce ne sont pas les moins jolis, les Verveines, les Pétunias, les Phlox, les Némophiles, le Gazon de Mahon et autres, sont d'un effet charmant, surtout si on les place aux extrémités ou dans les pelouses de Ray-Grass anglais.

HORTICULTURE DES SALONS

Les jardinières dans les appartements se généralisent chaque année davantage; rien n'est plus coquet, en effet, pour l'ornement des salons, que les plantes à feuillages, telles que dracœna, palmiers, fougères, etc., avec quelques soins sommaires, ces plantes peuvent supporter pendant quelques temps l'atmosphère des appartements.

Mais celles qui la supportent le mieux, et qui donnent le plus de jouissance, tant par leur durée que par la facilité de leur culture, sont les plantes bulbeuses.

Les jacinthes, les crocus, les amarillys Saint-Jacques, les narcisses ; soit qu'on les cultive sur l'eau ou en pot, réussissent toujours. Ainsi, à peu de frais, on peut, pendant 4 à 5 mois de l'année, se procurer les mêmes satifactions que le possesseur d'un jardin et d'une serre,

Pour leur culture, voir à l'article *Jacinthes*, page 75.

PLANTES ANNUELLES ET VIVACES

DE PLEINE TERRE.

Acanthe. — Vivace, plante à feuilles ornementales. de 80 cent. de hauteur, fleurs blanc rosé. Semer de mars en juillet en pépinière , pour repiquer en place ; floraison la 2ᵐᵉ année en août et septembre.

Achillée à feuilles de filipendule. — Vivace, plante de 1 m. 20 cent. de hauteur, fleurs jaunes. Semer de mars en juillet en pépinière, pour repiquer en place, ou semer sur couche en février ; floraison la 2ᵐᵉ année, en août et septembre.

Aconit napel. — Vivace, plante de 1 m. 20 cent. de hauteur , fleurs bleues. Semer de mars en juillet en pépinière, repiquer en place ; floraison la 2ᵐᵉ année, en juillet et août.

Alyse, corbeille dorée. — Vivace, plante de 20 cent. de hauteur , fleurs jaunes. Semer de septembre en novembre ou en mars et avril en pépinière, pour repiquer en place ; floraison la 2ᵐᵉ année, en avril et en mai.

Adonine d'été. — Annuelle, plante de 30 cent. de hauteur, fleurs rouge foncé. Semer en place, de septembre à fin novembre ou de mars à fin mai ; floraison en mars et en avril pour les semis d'automne, et juillet pour ceux du printemps.

Agératum mexicanum. — Annuelle. plante formant une touffe de 50 cent., fleurs d'un bleu pâle, réunies en bouquets. Semer sur couche en février, ou en pépinière en avril : floraison très prolongée de juin en septembre.

Argemone à grande fleur ordinaire. — Hauteur 1 mètre ; fleurs grandes blanches ; semer en mars ; repiquer en pots ; mettre en place en mai ; Floraison en juillet et en août.

Amarante, crête de coq. — Annuelle, plante de 60 cent. de hauteur, fleurs jaunes, rouges ou violettes, suivant qualité. Semer de mars à la fin de mai en pépinière. repiquer en place ; floraison de juillet en septembre.

Amarante gigantesque. — Annuelle, plante de 1 à 2 m., propre aux grands massifs, fleurs en longues grappes rouges. Semer de mars à fin mai en pépinière, repiquer en place ; floraison de juillet en septembre.

Amarante queue de renard. — Annuelle, plante de 1 m. de hauteur, fleurs en grappes pendantes rouges. Semer de mars en mai en pépinière, repiquer en place ; floraison de juillet en septembre.

Amarante tricolor. — Annuelle, plante de 1 m. de hauteur, à feuilles ornementales rouges, jaunes, verdâtres. Semer de fin mars en mai en pépinière, repiquer en place.

Anagalis frutescent. — Trisannuelle, plante de 30 cent. de hauteur, fleurs rouges. Semer en septembre en pépinière, pour repiquer en pots et hiverner sous châssis, ou sur couche en février, pour repiquer en mars et mettre en pleine terre en avril ; floraison en mars pour les semis d'automne et en juillet pour ceux du printemps.

Anagalis à grandes fleurs. — Trisannuelle, fleurs roses, même culture que la précédente.

Anagalis de Philips. — Trisannuelle, fleurs bleues, même culture que la précédente.

Aquilegia vulgaris, *Ancolie commune*. — Vivace, plante rustique de 1 m. de hauteur, fleurs pendantes rouges, blanches ou panachées. Semer de juillet en octobre, ou en mars et en avril en pépinière, pour repiquer, floraison la 2me année, en mai et en juin.

Aristoloche. — Vivace, plante grimpante de 6 à 10 m., semer au printemps.

Aubergine blanche, *plante aux œufs*. — Annuelle, fruit d'ornement. Semer sur couche en février, repiquer en pots en mars, mettre en pleine terre en avril, ou semer en avril en pépinière et repiquer en place ; fructification d'août et octobre.

Auricule. — Vivace, plante de 20 cent. de hauteur, semer en mars en pot. Sa graine lève très difficilement, floraison la 2re année.

Aubrietie deltoide. — Vivace ; fleur bleu clair, hauteur 10 cent., semer de mars en mai ou de juillet en septembre ; repiquer en pépinière, mettre en place à l'automne ou au printemps.

Balisier, Canne d'Inde. — Vivace, plante à feuilles ornementales longues de 50 cent. et larges de 20 à 22 cent., fleurs écarlates, bonne plante pour les massifs, semer sur couche en février, repiquer en pot et livrer à la pleine terre en juin.

Balsamine. — Annuelle, plante de 60 cent. de hauteur, nombreuses variétés de couleurs, semer en pépinière de mars en juin, repiquer en place, floraison de juin en septembre. Pour les avoir de bonne heure. on peut semer sur couche en février.

Barbeau *ou Bluet*. — (Voir *Centaurée*).

Bartonia dorée. — Annuelle, tiges rameuses de 60 à 70 cent., fleurs grandes, jaunes, semer sur place en mars et en avril, floraison de juin en septembre.

Basilic. *Gros vert, fin vert, fin violet*. — Annuels, feuilles odorantes, semer en mars et en avril, on sur couche en février.

Belle de jour. — Annuelle. plante de 40 cent. de hauteur, fleur bleue sur les bords et blanche au milieu, semer en place de mars en mai et de septembre en novembre.

Belle de nuit. — Vivace, plante de 65 cent., fleurs en bouquets, rouges, jaunes, blanches ou panachées, ne s'ouvrant que la nuit ; semer de mars en juin en place ou en pépinière pour repiquer ensuite.

Floraison de juillet en septembre, ses racines se conservent l'hiver et se replantent au printemps.

Benoite écarlate. — Vivace, plante de 50 cent. de hauteur, semer de mars en juillet, repiquer en pot ou à bonne exposition.

Floraison, la 2^{xe} année en juin.

Bignonia tweediana. — Vivace, plante grimpante, fleur jaune, semer en mars et en avril, repiquer à demeure contre un mur.

Bouquet parfait- — OEillet de poète, trisannuel, plante de 40 cent. de hauteur, fleurs petites, disposées en bouquets, rouges, blanches ou panachées ; semer de septembre à fin novembre et de mars en mai en pépinière pour repiquer en place.

Brachycome iberidifolia. — Annuelle, plante à tiges grêles, formant des touffes de 40 cent., feuilles découpées, fleurs bleues violacées, semer sur couche en février, repiquer en pot et livrer en avril à la pleine terre ; floraison de juillet en septembre.

Bryonopsis laciniosa crytrocarpa. — Annuel, plante grimpante, semer de mars en mai.

Browallia elata cœrulea. — Annuelle , plante de 65 cent., rameuse, fleurs bleues ; semer de mars en mai, repiquer sur place à bonne exposition. Floraison de juillet en septembre.

Browallia elata alba. — Annuelle, variété à fleurs blanches, même culture.

Buglosse toujours verte, tiges rameuses s'élevant à 1 mètre. —Vivace, fleurs bleues, en grappe, semer en juillet ou en mars.

Cacalia écarlate. — Annuelle, plante de 40 cent., fleurs écarlates ; semer en place de mars en mai, floraison de juillet en septembre.

Calandrina en ombelle. — Vivace, plante de 15 à 20 c., fleur rose-pourpre ; semer en place en avril et en mai, ou en août et en septembre ; floraison de juin en septembre.

Campanule à grosses fleurs violettes. *Violette marine.* — Bisannuelle, plante de 60 cent., fleurs bleues ; semer en pépinière en septembre, ou en mars et en avril pour repiquer en place ; floraison en juin et en juillet.

Campanule pyramidale. — Bisannuelle, plante à tiges droites de 1 mètre 50, fleurs bleues disposées en grappes ; semer de septembre en novembre, ou de mars en mai, repiquer en place ; floraison de juillet en septembre.

Capucine grande. — Annuelle, fleurs orange, plante grimpante de 1 à 3 mètres ; semer en place de mars en août : floraison de juin en septembre, ou semer sur couche en février.

Capucine brune. — Annuelle, fleurs pourpres, plante grimpante de 1 à 2 mètres ; semer sur couche en février, ou en place de mars en août ; floraison de juin en septembre.

Capucine petite tom-pouce. — Annuelle, plante de 30 cent., même culture, variétés pour massifs et bordures.

Capucine des Canaries. — Annuelle, plante grimpante de 3 mètres, fleurs jaunes, feuillage élégant ; semée en août en orangerie, elle fleurit l'hiver, semée en place en avril, elle fleurit en juin.

Caracole. — Vivace, plante grimpante de 2 mètres, fleurs très belles contournées en spirale blanc rosée ; semer sur couche en février, repiquer en pot et transplanter en mai, ou semer en mars et en avril, repiquer en mai en pleine terre, à bonne exposition. Sous notre climat, elle passe l'hiver en la couvrant de paille.

Célosie à épi rose. — Annuelle, plante rameuse de 60 cent. de hauteur, fleurs en épis rose tendre , semer sur couche en février pour repiquer en mars, ou semer en mars et avril pour repiquer en place en mai ; floraison très longue de juin en octobre.

Centaurée. — Annuelle, plante de 50 cent., variété à fleurs jaunes, blanches ou violettes ; semer en place de septembre en novembre ou de mars en mai ; floraison de juin en octobre.

Chrysanthême des jardins. — Annuelle, plante de 60 cent. à un mètre, variété à fleurs blanches ou jaunes ; semer de mars en mai, ou de juillet en septembre, repiquer en place ; floraison en octobre et en novembre.

Clarkia pulchella. — Annuelle, plante rameuse de 40 à 50 cent., fleurs nombreuses roses à pétales en croix, semer en place de mars en mai, ou de septembre en octobre ; floraison de juillet en septembre.

Clarkia élégant. — Annuelle, variété plus grande que la précédente, fleurs lilas, même culture.

Clematis fragrans. — Vivace, plante volubile de 7 mètres, fleurs blanches odorantes, semer en mars et en avril, repiquer en pot, floraison la 2ᵐᵉ année en juillet et en août.

Collinsia bicolor — Annuel, plante de 30 cent., très propre aux bordures et aux massifs bas ; fleurs lilas et blanc ; semer en place de septembre à fin novembre et de mars en mai ; floraison de mars en août.

Collomie écarlate. — Annuelle, hauteur 30 cent., fleurs écarlates ; semer en place de mars en mai ; floraison de juin en septembre.

Coquelicot double. — Annuel, hauteur 60 cent., nombreuses variétés de couleurs ; semer en place de septembre en novembre, et en février et mars ; floraison mai et juin.

Coquelourde. — Vivace, plante de 90 cent. de hauteur, fleurs blanches, variétés à fleurs rouges ; semer de juillet en novembre ou en mars et en avril, repiquer en place ; floraison de juin en août.

Corbeille dorée. — (Voir *Allyse*).

Coreopsis pourpre. — Annuel, 80 cent. de hauteur, fleurs brun jaune. Semer en place ou en pépinière de septembre en octobre et de mars en mai ; floraison de juin en août, variété naine, plante trapue, très rameuse, ne dépassant pas 15 à 20 centimètres.

Coreopsis d'Akermann. — Bisannuel, 80 cent. de hauteur, fleurs brun jaune. Semer en pépinière en juillet et repiquer en place ; floraison juin et juillet.

Coreopsis de Drummont. — Annuel, plante de 60 cent. de hauteur, fleurs jaunes à large tache brune à la base. Semer en place ou en pépinière de septembre en novembre ou de mars en mai ; floraison juillet et août.

Cosmos Bipinné. — Annuel, belle plante s'élevant de 1 m. 30 cent. à 1 m. 60 cent., feuillage élégant, fleurs lilas. Semer en place de mars en mai, ou en mars en pépinière pour repiquer un peu plus tard ; floraison de juin en octobre.

On peut aussi semer sur couche en février.

Courges grimpantes. — Plantes annuelles, très propres à garnir les tonnelles, il y a plusieurs variétés : la Pèlerine, la Bouteille, la Plate de Corse, celle à forme de poire, etc., ce sont des fruits d'agrément très singuliers par leur forme. Semer en place de mars en mai.

On peut aussi semer en février sur couche et en pot.

Crépis. — Annuel, 30 cent. de hautenr, fleurs blanches, variété à fleurs jaunes et variété à fleurs roses. Semer en place de septembre en novembre ou de mars en mai ; floraison en mars pour les semis d'automne, en juillet pour ceux du printemps.

Cupidone. — Vivace, plante de 1 m., variété à fleurs bleues et variété à fleurs blanches. Semer de septembre en novembre ou de mars en avril, repiquer en place ; floraison de juin en septembre.

On peut aussi semer sur couche en février.

Cynoglosse à feuilles de lin. — Annuelle, 30 cent. de hauteur, fleurs blanches. Semer en place de mars en mai ; floraison de juillet en septembre.

Croix de Jérusalem. — Vivace, 60 cent. de hauteur, fleurs disposées en forme de croix de Malte rouge vif, variété à fleurs blanches. Semer de septembre en novembre ou en mars et en avril, repiquer en place ; floraison en juin et en juillet.

Dahlia. — Vivace par ses racines, plante pour les grands massifs, variétés très nombreuses. Semer en février sur couche, repiquer en pots, transplanter en mai en pleine terre.

Ou semer en mars et en avril en pépinière, repiquer en pleine terre.

Les tubercules se plantent en mars. (Voir aux plantes bulbeuses).

Datura fastuosa. — Annuel, plante de 1 m., fleurs grandes en cornet blanc violâtre, variété à fleurs blanches. Semer de mars en mai, repiquer en place, floraison d'août en octobre.

On peut aussi semer sur couche en février.

Didisque bleu. — (Voir *Hugelia*).

Dauphinelle à grande fleur. — Vivace, 60 cent. de hauteur , fleurs bleues. Semer en septembre en pépinière, repiquer en place ; floraison en juillet et en août.

Digitale. — Vivace, hauteur 1 m. 30 ; fleur rouge ou blanche, suivant la variété. Semer de septembre en octobre ou de mars en mai ; repiquer en place ; floraison en juin et en juillet.

Dioclea Glycinoïdes. — Vivace, plante grimpante de 1 m. 60 cent.; fleurs en épi rouge vif; semer en juillet et en août, ou en février, sur couche, pour repiquer en place en mai. Couverture l'hiver avec de la paille.

Dolique Ligneux. — Annuel , plante grimpante , hauteur 3 m. ; fleurs violettes. Semer en place de mars en mai ; floraison de septembre en octobre.

Echinops. — Vivace, fleurs bleues, hauteur 70 cent. Semer de mars en mai, repiquer en massif.

Eccremocarpus Scaber. — Vivace, très jolie plante grimpante de 4 m. ; fleurs écarlates. Semer en juillet, repiquer en pot, hiverner sous châssis, transplanter en pleine terre en avril ; couverture l'hiver ; floraison en juillet et en août.

Enothère. — Annuelle, hauteur 40 cent.; variétés à fleurs jaunes , blanches, roses, pourpres. Semer en place de septembre en novembre ou de mars en mai ; floraison de juin en septembre.

Epervière. — Vivace, hauteur 30 cent., fleur orange. Semer de mars en mai, ou de juillet en septembre , repiquer en place ; floraison de juin en septembre.

Erysimum. — Annuel ; fleurs oranges, hauteur 50 cent. Semer en place de septembre en novembre, ou de mars en mai ; floraison de mars en août,

Escholtzie de la Californie: — Bisannuelle , plante de 30 cent., fleur jaune ou blanche suivant la variété. Semer en place de septembre en novembre, ou de mars en mai ; floraison de juin en septembre.

Eutoca visqueux. = Annuel. hauteur 40 cent.; fleurs grandes, bleu azur. Semer en place de mars en mai, floraison en juillet.

Ficoïde tricolor. — Annuelle, tige rameuse dès la base, feuilles charnues, linéaires et rougeâtres à la base, fleurs à pétales rayonnants, blancs et roses. Semer de mars en avril en touffes ou en bordures.

Fraxinelle. — Vivace, hauteur 60 cent., fleurs rouges ou blanches suivant la variété. Semer de mars en mai, ou de juillet en septembre, repiquer en place ; floraison la 2ᵐᵉ année.

Gaillarde. — Vivace, hauteur 50 cent., fleur jaune pourpre. Semer en juillet et en août, repiquer en pot, hiverner sous châssis, ou en février sur couche ; floraison de juin en septembre.

Gaura de Lendheimer. — Vivace, très jolie plante de 1 m. 50 ; fleurs composées d'un calice à quatre divisions, coloré de rouge, de pétales d'un blanc carné qui constraste avec la couleur vive du calice. Semer en juillet pour fleurir l'année suivante, ou semer en mars pour fleurir en juin suivant.

Gentiane à grande fleur. — Vivace, hauteur 10 cent., fleurs bleues, semer en mars et en avril, repiquer en place.

Gilie à fleur blanche. — Hauteur 65 cent., semer en place de septembre en novembre, ou de mars en mai ; floraison de mai en août.
   Variété à fleurs bleues.

Gilie tricolor. — Annuelle, plante de 40 cent., fleurs disposées en bouquet jaune et brun, semer en place de mars en mai ; floraison en juillet et en août.

Giroflée quarantaine. — Annuelle, très nombreuses variétés de couleurs, blanc, rose, brun, rouge, gris, violet, bleu, etc., semer sur couche en février, repiquer en pot, ou en avril et en mai en terrine, ou en pépinière pour repiquer en place ; floraison de juin en septembre.
   On peut aussi semer en octobre dans des pots ou des terrines que l'on rentre sous châssis.

Giroflée grecque. — Différant des précédentes par ses feuilles vertes et lisses, variétés très nombreuses, même culture.

Giroflée jaune. *Ravenelle*. — Vivace, plante rustique, fleur d'un jaune brun, semer de juillet en septembre et de mars en avril, repiquer en place ; floraison en avril et en mai.

Glaciale. — Annuelle, plante à feuilles ornementales, haute de 20 c., semer sur couche en février, ou en place en mai.

Godetia Rubicond. — Annuel, tige grêle de 70 cent. à 1 m., port élégant, floraison abondante, fleur rose, semer en place de septembre en novembre, ou de mars en mai, les semis d'automne sont préférables.

Floraison en mars et en juillet suivant l'époque du semis.

Gypsophile élégante. — Annuelle, tiges très fines, fleurs blanches très petites, très bonnes pour mettre dans les bouquets ; semer en mars et en avril.

Hugelie à fleur bleue. — Annuelle, plante gracieuse de 70 à 80 cent. de hauteur, fleurs bleues de ciel réunies en ombelles, semer en place de mars en mai, ou sur couche en février ; floraison de juillet en septembre.

Haricot d'Espagne. — Annuel, plante grimpante, propre à garnir les tonnelles, semer de mars en mai en place.

Immortelle. — Annuelle, hauteur 1 m., fleur blanche, jaune ou violette suivant la variété, semer en place ou en pépinière de **septembre** en novembre, ou en en mars et en avril, on peut aussi semer sur couche en février ; floraison de juin en octobre.

Immortelle globuleuse.—Annuelle, hauteur de 50 cent., fleur violette, semer de mars en mai pour repiquer en place ; floraison de juin en octobre.

Incarvillea de la Chine. — Annuelle, tige rameuse de 70 cent., fleurs rose vif, disposées en grappes ; semer en septembre, hiverner sous châssis, pleine terre en avril.

Ipomée. — Annuelle, plante grimpante de 2, 3 et 4 m., suivant les variétés, à fleurs bleues, blanches ou roses, semer en place de mars en mai ; floraison de juillet en septembre.

Ipomée Bona Nox. — Annuelle, plante grimpante de 3 m. de haut, fleur très grande bleue, semer en place en avril, ou en février et mars en pot sous châssis, pour transplanter en place ; floraison de septembre en octobre.

Ipomée quamoclit. — **Jasmin des Indes**. — Annuelle, plante grimpante de 1 m. 25 cent., fleurs nombreuses, petites, écarlate vif, variété à fleur blanche, semer en mars sur couche , repiquer une plante par pot, transplanter en mai ; floraison d'avril en octobre.

Ipomopsis élégant. — Bisannuel, hauteur 1 m. 60 cent., fleurs écarlates à grappes, semer en mars et en avril, repiquer en pleine terre ; floraison de juillet en septembre.

Julienne de Mahon. — **Gazon de Mahon**. — Annuelle, hauteur 30 cent., fleur rose violacé; semer en place de septembre à fin novembre, ou de mars à fin mai ; floraison d'avril en août.

Julienne simple. — Annuelle, hauteur 30 cent., fleurs violettes ou blanches suivant la variété. Semer en place de septembre en novembre ou de mars en mai ; floraison de mai en août.

Ionopsidium acaule. — Annuelle, fleur lilas pâle. Semer en septembre ou en mars.

Kaulfussia Amelloïdes. — Annuelle, tige rameuse, de 20 à 30 cent., formant une touffe bien garnie, fleur bleu azur. Semer en septembre en pépinière, repiquer et hiverner en pépinière sous châssis, et mettre en place en avril, ou semer sur couche en février, ou en place en mars. Les semis d'automne donnent des plantes plus vigoureuses.

Ketmie d'Afrique. — Annuelle, hauteur 50 cent., fleurs blanc jaunâtre brun. Semer en place de mars en mai ; floraison de juillet en septembre.

Ketmie vésiculeuse. — Annuelle , ressemblant à la précédente , même culture.

Larmes de Job. — Annuelle, plante dont les grains bizarres servent à faire des chapelets. Semer en place de mars en mai.

Lavatère. = Annuelle, hauteur 60 cent., variété à fleurs blanches, variété à fleurs roses. Semer en place de mars en mai ; floraison de juillet en septembre.

Leptosiphon androsace—Annuelle, plante très rustique résistant aux plus grands froids, très naine, 3 décimètres de hauteur, fleurs réunies en bouquet, blanches ou lilas violacé. Semer en place de septembre à fin octobre ; floraison très prolongée depuis juillet jusqu'en octobre.

Lin vivace. — Hauteur 60 cent., fleurs bleues. Semer de juillet en septembre ou de mars en avril, repiquer en place ; floraison de juin en août.

Lin à grande fleur rouge. — Hauteur 30 cent., fleur d'un beau rouge vif. Semer en place d'avril en mai ; floraison de juin en novembre.

Linaire à feuilles d'Orchis. — Annuelle, fleurs violettes, hauteur 20 cent. Semer en place de mars en mai ; floraison de juin en septembre.

Lobelia-Erinus. — Annuel, fleur bleue, pâle, imitant de petits papillons, tiges très rameuses, grêles, ne s'élevant pas à plus de 10 à 15 cent. Semer en bordure de mars en mai.

Loaza orange. — Annuel, en pleine terre, bisannuel en serre. tige volubile de 2 à 3 mètres, fleurs rouge brique. Semer sur couche en février, ou semer de juillet en septembre, repiquer en pots et hiverner sous châssis ; floraison d'août en octobre.

Liseron tricolor. — (Voir *Belles-de-Jour*).

Liseron. — (Voir *Ipomée*),

Lupin. — Annuel, plante de 40 à 60 cent., variété à fleurs bleues, jaunes, roses, blanches. Semer en place de mars en mai ; floraison de juillet en septembre.

Madia élégans. — Annuel, hauteur 1 m., fleur jaune ponctué de brun. Semer en place de mars en mai; floraison en juillet et en août.

Malope à grande fleur. — Annuelle, plante de 1 m., fleur rose ou blanche suivant la variété. Semer en place de mars en mai : floraison de juin en août.

Matricaire double. — Vivace, fleurs blanches. Semer de mars en mai pour repiquer en place ; floraison la 2me année.

Maurandia. — Vivace, plante grimpante, de 2 m. de hauteur, fleurs bleu violacé. Semer sur couche en février, repiquer en pot, hiverner sous châssis ; traitée comme plante annuelle, elle peut se mettre en pleine terre.

Mauve d'Alger. — Annuelle, hauteur de 1 m. 30 cent., fleurs blanches striées de pourpre. Semer en place ou en pépinière de mars en mai ; floraison de juillet en octobre.

Mimulus. — Vivace, fleurs jaune ponctué brun, hauteur 30 cent. Semer en septembre et en octobre, repiquer en pot, hiverner sous châssis pour la faire fleurir l'hiver, ou semer de mars en mai.

On peut aussi semer sur couche en février.

Myosotis Palustris *(ne m'oubliez pas)*. — Vivace, petite plante de 20 cent., fleurs bleues petites, semer en place de mars en mai, ou de septembre à fin novembre ; floraison de juin en octobre.

Momordique *(pomme de merveille)*. — Annuelle, plante grimpante de 2 m., fruit d'agrément très-curieux, feuillage élégant. Semer en place de mars en mai, fructification de juillet en octobre.

Mufle de veau. — Vivace, hauteur 70 cent., fleurs rouges, panachées ou blanches. Semer de juillet en octobre ou de mars en mai, repiquer en place ; floraison de juillet en octobre, suivant l'époque des semis.

Nigelle de Damas. — Annuelle, hauteur 40 cent., fleurs bleues. Semer en place de septembre en novembre, ou de mars en mai ; floraison de mai en septembre, suivant l'époque des semis.

Nolana à feuilles d'Arroche. — Annuelle, tiges rameuses de 15 à 20 cent. de hauteur ; fleurs bleues ; centre jaune. Semer en place de mars en mai ; floraison de juin en septembre.

Némophille remarquable. — Annuelle, hauteur 20 cent., fleurs bleues. Semer en place de septembre en novembre ou de mars en mai ; floraison de mars en août, suivant l'époque des semis.

Némophille maculée. — Annuelle, variété à fleurs blanches, à macule bleu violacé. Même culture.

Nycterinia selagenoïdes. — Annuelle, fleurs roses odorantes; Semer en mars et en avril, repiquer en place.

Œillet à fleurs doubles. — Vivace. Semer en juillet et en août, ou en avril et en mai, pour repiquer en pot ou en pleine terre ; floraison l'année suivante.

Œillet de la Chine. — Bisannuel, hauteur 30 cent. Semer en pépinière de septembre en octobre, ou en mars et en avril, ou sur couche en février ; floraison de juin en septembre.

Œillet d'Inde. — Annuel, hauteur 60 cent., fleur jaune brun. Semer de mars en mai, repiquer en place ; floraison de juillet en octobre.

Œillet de Poète. — *(Voir bouquet parfait)*.

Paquerette petite. — Vivace, hauteur 10 cent., fleur simple blanche. Semer de juillet en septembre, ou de mars en mai en pépinière, pour repiquer en place ; floraison de mars en octobre, suivant l'époque des semis. (Variété à fleurs doubles).

Passe-rose. — Vivace, plante de 2 m. 50 cent., propre aux grands massifs, coloris très nombreux. Semer de juillet en septembre, ou de mars en mai en pépinière, pour repiquer en place ; floraison l'année suivante, en juillet et en août.

Passion. — Plante très grimpante. Semer en septembre et en octobre, ou en mars et en avril, repiquer en pot ou en pleine terre.

Pavot double Varié. — Annuel, hauteur 1 mètre. Semer en place de septembre en novembre; et en février et en mars ; floraison en mai et en juin.

Pensée Anglaise. — Vivace. Il ne snffit pas, pour avoir de belles pensées, de semer des graiues récoltées sur des sujets d'élite ; la culture et la nature du sol influent beaucoup sur le développement des fleurs. Les semis du mois d'août sont infiniment préférables à ceux du printemps.—Quoique fait avec les mêmes graines, le premier donnera des fleurs très grandes, parmi lesquelles il ne sera pas rare d'en trouver qui auront de 5 à 6 centimètres de diamètre, tandis que le second ne donnera que de très petites fleurs.

Il faut donc semer en août en pépinière et repiquer en place en octobre et en novembre dans une terre riche et fraîche.

Perilla de Nankin. — Annuelle, plante de 80 cent. à 1 mètre, à feuilles ornementales pourpre-foncé ; semer en mars et en avril, repiquer en place,

Petunia. — Vivace, hauteur 75 cent.; variétés à fleurs blanches, rouges, panachées, violettes. Semer de septembre en novembre, ou de mars en mai en pépinière, pour repiquer en place ; on peut semer sur couche en février ; floraison de juillet en octobre.

Penstemon. — Vivace, hauteur 60 cent. Semer sur couche en février et en mars; et mettre en place en avril et en mai, ou semer en pépinière de juillet en septembre, repiquer en pots, hiverner sous châssis ; floraison de mai en octobre, suivant l'époque du semis.

Persicaire. —Anuuelle, plante de 2 mètres, propre au grand massif, variété à fleurs rouges, et variété à fleurs blanches. Semer en place ou en pépinière de mars en mai ; on peut semer en février sur couche ; floraison de juillet en octobre.

Placelia Bipinnatiflda. — Annuelle, hauteur 50 à 60 cent., fleurs bleues. Semer en place de mars en mai ; floraison de juillet en septembre.

Phlox. — Vivace. Jolie plante à tiges rameuses, de 60 cent. à 1 mètre, suivant la variété. Semer de juillet en septembre, ou de mars en mai, repiquer en place ; floraison en août et en septembre.

Phlox Drummondii. — Annuel. Jolie espèce, haute de 35 à 50 cent., fleurs roses, plus foncées au centre. Semer en place en septembre ou en mars et en avril ; floraison de mai en août.

Pied d'alouette. — Annuel, hauteur 50 cent., fleurs en pyramide , roses, blanches, rouges, violettes on bleues. Semer en place de septembre en novembre, ou de mars en mai ; floraison d'avril en juillet.

Pois de senteur. — Annuel, plante grimpante de 1 mètre 20 cent. de hauteur ; fleurs odorantes, différents coloris. Semer en place de septembre en avril ; floraison en juin et en juillet.

Pois vivace. — Plante grimpante, 1 mètre 80 cent. de hauteur, fleurs roses. Semer en place de septembre en décembre ; floraison de juillet en septembre.

Potentille du Népaul.—Vivace, hauteur 65 cent., fleurs roses. Semer en juillet et en août ou en mars et en avril, repiquer en pot ; floraison de juillet en octobre.

Portulaca *à grandes fleurs*. — Annuel, plante de 15 cent., produisant un très joli effet par l'éclatant coloris de ses fleurs qui sont rouges écarlates, ou blanches ou jaunes. Semer sur couche en février , ou en mars en pépinière, pour repiquer en place ; floraison de juillet en septembre.

Primevère des Jardins variée. — Vivace, hauteur 15 cent. Semer de mars en mai ou de juillet en septembre, repiquer à demeure ; floraison en mai et en juin.

Reine Marguerite. — Annuelle, une des plus jolies plantes pour l'ornement des jardins , haute de 50 à 60 cent., ayant des coloris très variés, blanc, bleu, violet, panaché, etc., etc. Semer sur couche en février, repiquer en place en mars, ou semer en pépinière de mars en mai et repiquer en place.

2 ou 3 repiquages sont plus avantageux qu'un seul ; floraison de juillet en septembre.

Réséda. — Annuelle, plante odorante de 30 cent. Semer en place de mars en juin, ou de septembre en janvier sous châssis.

Rudbekia amplexicaule. — Vivace , hauteur de 75 cent., fleur jaune tachée rouge vif. Semer en mars, repiquer en avril ; floraison en juin et en juillet.

Ricin sanguin. — Annuel, plante ornementale de 1 à 2 mètres de hauteur, très remarquable par la coloration pourpre clair des jeunes feuilles, des tiges, des pétioles et des principales nervures des feuilles, — longues grappes de gros fruits couverts de longues pointes molles, de couleur rouge sanguin. Semer en place de mars en mai.

Rose tremière. — (Voir *passe-rose*).

Rhodante Manglesi. — Annuelle, fleur blanche à centre jaune, hauteur 70 cent. Semer de mars en avril, repiquer à demeure ; floraison en juin et en juillet.

Sainfoin d'Espagne. — Vivace, hauteur 1 mètre, à fleur blanche et rouge , suivant la variété. Semer en pépinière de septembre en novembre, ou de mars en mai, repiquer en place ; floraison de juin en septembre.

Salpiglossis hybride. — Annuel, plante de 75 cent., très remarquable par l'originalité de ses fleurs qui, sur un fond blanchâtre, jaune, mordoré, brun foncé, se dessinent des stries bleuâtres, jaunes ou dorées. Semer en place de mars en mai ; floraison en juin et en juillet.

Sanvitalia Rampant. — Annuelle, fleur jaune vif à disque brun, rameaux de 30 à 40 cent. Semer de mars en avril, repiquer à demeure ; floraison de juillet en octobre.

Scabieuse. — Bisannuelle, hauteur 65 cent., fleurs pourpres. Semer en place au printemps et en automne ; floraison de juillet en octobre.

Schizantus de Grahami. — Bisannuelle, plante de 60 à 80 cent., à tiges rameuses, fleurs disposées en panicules terminales rose vif ou lilas avec une languette d'un jaune strié de brun. Semer en septembre en pépinière, repiquer en pot, hiverner sous châssis pour livrer en pleine terre en avril ; floraison en août et en septembre.

Séneçon des Indes. — Annuel, hauteur 60 cent., fleurs lilas, pourpre, blanc pur, suivant la variété. Semer sur couche en février et repiquer en place, ou en mars et en avril, floraison de juin en septembre.

Silène. — Annuelle, hauteur 40 cent., fleurs roses. Semer en place de septembre en novembre, ou de mars en mai ; floraison de juin en août.

Souci double. — Annuel, hauteur 60 cent., fleurs orange. Semer de septembre en novembre et de mars en mai, repiquer en place ; floraison de juillet en octobre.

Sphenogyne spéciosa. — Annuelle, hauteur 50 cent., fleurs jaunes. Semer en mars, repiquer en avril ; plante propre aux rocailles.

Statice. — Vivace, hauteur 50 cent. Semer en juillet et en août, repiquer en pot, hiverner sous châssis ; floraison de mai en septembre.

Tageta patula, petit œillet d'Inde. | Annuel , hauteur 60 cent., fleur jaune brun. Semer de mars en mai, repiquer en place; floraison de juillet en octobre.

Thlaspi. — Annuel, hauteur 30 cent., fleurs blanches ou violettes, suivant la variété. Semer en place de septembre en novembre ou de mars en mai ; floraison juin et juillet.

Tournefortia (Faux Héliotrope). — Vivace, plante velue, tiges étalées, très rameuses, haute de 20 à 30 cent., fleurs bleues, ressemblant à celles de l'héliotrope, Semer en automne, hiverner en orangerie.

Thunbergia Alata. — Annuel, plante volubile de 1 mètre 25 cent., fleurs jaune orange, avec une tache brune à la partie supérieure de la gorge. Semer en février et en mars sur couche, repiquer en avril en pleine terre ; floraison de juillet en septembre. Elle se conserve en serre.

Verveine hybride. — Vivace, plante très-propre à former des massifs, variété de couleurs nombreuses. Semer en septembre, repiquer et hiverner sous châssis, ou en mars sur couche pour livrer en avril et en mai à l'air libre ; floraison de juin en octobre.

Viscaria Cælis Rosa. — Annuel, fleurs roses, hauteur 60 cent. Semer en place de mars en mai ; floraison de juillet en septembre.

Violette des quatre saisons. — Vivace, plante de 15 cent., à fleurs simples. Semer de juillet en septembre, ou de mars en mai en pépinière, pour repiquer en place.

Venidium à fleurs de Souci. — Annuel, plante herbacée, vigoureuse, couverte de longs poils soyeux, tiges ramifiées de 15 à 30 cent., fleurs orange, ressemblant à celle du Souci officinal. Semer en mars et en avril, repiquer en mai; floraison en juillet et en août.

Zinnia élégant. — Annuel , hauteur 60 cent., fleurs simples, coloris très brillant. Semer de mars en mai, repiquer en place; floraison de juin en septembre.

Variété à fleurs doubles très remarquables.

PLANTES D'ORANGERIES

Acacia de Farnèse.—*Vulgairement cassie*. Vivace, arbrisseau ligneux de 5 mètres, fleurs jaunes odorantes. Semer en mars sur couche.

Camara, Lantana. — Vivace, arbrisseau de serre tempérée, hauteur de 1 mètre 30 cent. Semer sur couche en pot, repiquer en pot.

Cinéraire hybrides. — Annuelle, très jolies plantes, couleurs très variées. Semer en juillet et en août en terrine, repiquer en pot et rempoter au fur et à mesure que la plante grandit ; floraison de janvier en juin.

Chorozema à feuilles de houx. — Vivace, arbuste de 35 à 70 cent., fleurs en grappes jaunes lavées de rouge. Semer en février sur couche, terre de bruyère, repiquer en pot. Les graines lèvent très difficilement.

Cobœa. — Vivace, plante grimpante de 8 mètres, fleurs violettes très belles. Semer sur couche en février et en mars, repiquer une seule plante par pot ; floraison de juillet en octobre.

Cuphea miniata. — Vivace, fleur rouge vermillon. Semer en juillet et en août, repiquer en pot.

Daubentonia Tripetiana. — Vivace, arbrisseaux rameux, fleurs coccinées à étendard taché de jaune, en longues grappes. Semer sur couche en février, repiquer en pot.

Eupatoire.— Vivace, hauteur 70 cent., fleurs bleu pâle. Semer en juillet et en août.

Geranium. — Vivace. Semer sitôt la maturité des graines ou au printemps sur couche, repiquer en pot.

Héliotrope. — Vivace, hauteur de 70 à 80 cent., fleurs lilas. Semer sur couche en mars, repiquer en pot,

Kennedya. — Plante ligneuse grimpante; fleurs en grappes, petite, bleues. Semer en mars sur couche.

Lotus Jacobæus. — Bisannuel, hauteur 60 centimètres, fleurs marron. Semer sur couche en février. repiquer en pot.

Mandevillea Suaveolens. — Vivace, plante grimpante, fleurs blanches odorantes. Semer sur couche en mars, repiquer en pot.

Pervenche de Madagascar. — Vivace, hauteur 30 cent., fleurs blanches ou roses, suivant la variété. Semer sur couche en février et en mars. repiquer en pot.

Primevère de la Chine. — Vivace, hauteur 30 cent., fleurs blanches ou roses. Semer en juillet et en août, repiquer en pot : floraison de janvier en mai.

Salvia coccinea. — Vivace, hauteur 1 mètre, fleurs grandes écarlate vif. Semer en juillet et en août, repiquer en pot.

Sensitive. — Bisannuelle, plante herbacée, tige de 70 cent., feuillage très délicat et irritable ; il suffit de le toucher pour que les pétioles s'abaissent. Semer sur couche en février et en mars, repiquer en pot.

CLASSEMENT DES PLANTES

SUIVANT LEUR DESTINATION.

PLANTES GRIMPANTES.

Aristoloche.
Bignonia twediana.
Brionopsis.
Boussingaultia.
Capucines, les variétés.
Caracole.
Clematis fragans.
Courges, les variétés.
Cobœa.
Dioclea Glycinoïdes.
Dolique.
Eccremocarpus.
Haricots d'Espagne.
Ipomée, les variétés.
Kennedya.
Loaza orange.
Mandevillea.
Maurandia.
Momordique.
Passion.
Pois de senteur.
Pois vivace.
Thumbergia.

PLANTES POUR BORDURES & POUR MASSIFS.

Adonide d'été.
Alysse, corbeille d'or.
Amarante, crête de coq.
Anagalis, les variétés.
Aubriétie.
Anémones tubercules.
Auricule.
Balsamines, les variétés.
Begonia.
Belle de jour.
Bouquet parfait.
Brachycome.
Cacalie écarlate.
Calandrina en ombelle.
Collinsia bicolor.
Collomia écarlate.
Coquelourde.
Coreopsis de Drummond.
Crepis.
Cynoglosse à feuilles de lin.
Epervière.
Escholtzie de la Californie,
Eutoca visqueux.
Ficoïde tructor.
Fraxinelle, les variétés.
Gentiane à grande fleur.
Gilie tricolor.
Giroflée quarantaine.
Gypsophile.
Julienne de Mahon.
Kaulfussia ameloïdes.
Leptosiphon androsace.
Linaire.
Lobelia Erimus.
Nemophyle remarquable.
    »   maculée.
Nigelle de Damas.
Nolana.
Nycterinia.
OEillet de la Chine.
Oxalis.
Paquerette.
Pensée.
Pétunia.
Pied d'alouette nain.
Portulaca.
Premevère des jardins.
Reine-Marguerite.
Renoncules.
Sanvitalia.
Silène.
Tagete patula.
Thlaspi.
Tournefortia.
Venidium.
Violette des quatre saisons.
Viscaria cœli Rosa.
Verveines.

PLANTES POUR ROCAILLES.

Alysse, corbeille d'or.
Auricule.
Campanule pyramidales.
Cymbalaire

Eccremocarpus.
Giroflée jaune.
Myosotis palustris.
Mimulus.

Mufle de veau.
Petunia.
Sphenogyne.
Trachelium cœruleum.

PLANTES POUR GRANDS MASSIFS.

Acanthe.
Achillée,
Aconit.
Ageratum.
Amarante gigantesque.
—   queue de Renard.
—   tricolor.
Ancolie.
Argemone.
Balisier, graines ou Rhizome
Barthonia d'ozé.
Belle-de-Nuit.
Browalia.
Buglosse toujours verte.
Campanules.
Celosie à épi.
Centaurée, les variétés.
Chrysantème des jardins.
Clarkia, les variétés.
Coquelicot.
Coreopsis.
Cosmos bipinné.

Cupidone.
Croix de Jérusalem.
Dahlia.
Datura fastuosa.
Dauphinelle.
Digitale.
Echinops.
Enothère.
Erysimum.
Euphorbe.
Gaillarde.
Gaura de Lendheimer.
Gilie à fleurs blanches.
Godetia rubicond.
Hugelia.
Immortelles blanches,
Incarvillea de la Chine.
Ipomopsis élégant.
Ketmie.
Lavatère.
Lupin.
Madia.

Matricaire.
Mauve d'Alger.
OEillet d'Inde.
Passe-rose.
Pavot double.
Perrilla de Nankin.
Penstemon.
Persicaire.
Phacelia.
Phlox.
Pivoine.
Potentille.
Rhodante.
Ricin sanguin.
Rudbeckia.
Sainfoin d'Espagne.
Salpiglossis.
Scabieuse.
Souci.
Zinnia Elegans.

PLANTES BULBEUSES

Les mois d'octobre et de novembre sont les plus favorables pour la plantation des ognons de fleurs, en exceptant toutefois les dahlias, les tubéreuses, le glayeul de Gand et ses hybrides, Achimènes, Gloxinias, balisiers des bigonias et des boussingaultia, qui ne se plantent qu'au printemps.

En les plantant de bonne heure, on obtiendra toujours des résultats meilleurs. Il faut se garder d'amender les terres avec du nouveau fumier, mais seulement avec du terreau bien consommé; les ognons, en général, demandent une terre légère.

Un catalogue spécial de ce genre est publié chaque année au mois de septembre, il est à la disposition des personnes qui en font la demande.

CULTURES.

Anémones. — Terre franche sablonneuse ; pas d'engrais récent, planter de septembre en décembre, sarcler et arroser légèrement. Établir les massifs bombés pour faciliter l'écoulement des eaux pluviales et d'arrosages. Avant la plantation, faire tremper les griffes 24 heures dans une décoction de suie pour éloigner les insectes.

Achimènes. — Les Achimènes, comme les Gloxinias, sont des plantes précieuses, à cause surtout de leur floraison tardive, qui permet d'en meubler les serres à une époque où ces dernières sont dépourvues de plantes fleuries, ces deux genres fleurissant en serre à partir du mois de juin, jusqu'à l'automne,
Planter en mars et avril en pots, terre de Bruyère.

Agapanthe ombellifère. — Fleurs bleues, pleine terre, culture facile.

Amarillys Belladone. — Grandes fleurs roses. Planter les ognons à 20 centimètres de profondeur en terre franche légère, fleurit mieux en pleine terre qu'en pots.

Amarillys Formississima. — Fleurs rouges pourpre foncé.
Peut se forcer en pots et en carafes comme les Jacinthes.

Amarillys Longifolia. — Fleurs blanc rosé pleine terre.

Balisier Canne d'Inde (rhizome). — Plante ornementale s'élevant, suivant les variétés, de 60 centimètres à 2 mètres 50 centimètres
de hauteur, feuillages et fleurs variant aussi. Mais toutes les variétés
sont très ornementales et font très bien dans les grands massifs. Planter
en mars et en mai.

Begonia Discolor.— Fleurs rose vif, fleurit tout l'été, terre de bruyère.
Planter en mars.

Begonias tuberculeux, hybrides, de Bolliviensis, sedeni, veitchil ;
excellente plante pour la composition des massifs pendant l'été, même
en plein soleil, et pouvant rivaliser avec ceux formés avec les geraniums
Zonales au point de vue de l'abondance et de la beauté de la floraison.
     Planter de mars en mai.

Boussingaultia Basseloïdes. — Fleurs blanches en épis, plante
grimpante précieuse pour garnir les treillages, culture très facile, terre
ordinaire. Planter en mars.

Crocus Vernus. — Culture facile, terre légère, élevés en pots à côté
des Jacinthes hâtives, ils font nn très joli effet. On peut aussi les cultiver sur de la mousse en la tenant constamment humide. (Voir l'article
culture simultanée du Crocus et de la Jacinthe, page 67).

Crocus Savitus, Safran officinal. — On le cultive principalement
pour son produit. Planter en août et en septembre, terre légère et sèche

Cyclamens *d'Europe et de Perse*. — Culture en pot de préférence ,
terre légère.

Dalhia. — Les tubercules de dalhias se plantent en pleine terre au mois
de mars et d'avril. Cette plante n'est pas difficile sur le choix du terrain,
elle aime l'engrais et les arrosages.

     On peut aussi bouturer les tubercules ; à cet effet, on les enterre dès
le mois de janvier dans une couche faite avec de la tannée, afin de les
forcer à émettre de nouvelles pousses.

     Lorsque ces pousses ont atteint 5 centimètres de hauteur on les
coupe en conservant toujours les yeux inférieurs. Les boutures doivent
se faire en terre légère et dans de petits godets placés sur une couche
tiède dans une bâche et sous cloche ; on les prive d'air pendant quel-
que temps et on leur en donne peu à peu et à mesure qu'elles commencent à s'allonger, ce qui est un signe qu'elles ont pris racine. On les
rempote ensuite et graduellement dans des pots plus grands, et on les

livre à la pleine terre dans le courant du mois de mai. La floraison arrive à la même époque qu'avec les tubercules.

Diclitra spectabilis. — Fleurs roses à grappes, terre franche légère.

Fritillaire Impériale. Couroane Impériale — Terre franche, exempte de fumure, exposition au midi, ne relever les ognons que tous les 3 ans.

Glayeul Gandavinsis. — Excellente plante pour les grands massifs, fleurissant tout l'été, culture facile, terre franche légère, planter en mars. *(Voir le catalogue des ognons pour les variétés hybrides)*.

Gloxinias. — *(Culture de l'Achimène)*.

Ixias. — Culture en pots de préférence, terre de bruyère, arrosements modérés.

Iris d'Espagne et Anglais. — Ce sont les deux variétés les plus propres à l'ornement des jardins à cause de la nombreuse et belle variété des coloris. Ils doivent être plantés de bonne heure, c'est-à-dire, de septembre en novembre au plus tard, attendu que leurs tubercules, surtout pour l'Iris Anglais, ne se conservent pas ; terre légère, peu d'arrosage.

JACINTHES.

(Voir le Catalogue spécial qui contient une collection de 140 variétés).

Culture à l'air libre. — Planter les ognons de septembre en novembre dans une terre bien préparée, plutôt sablonneuse que forte, à 0ᵐ 10 cent. de profondeur et à 0ᵐ 15 cent. de distance. Sarcler quelquefois avant l'hiver, aux premières gelées, recouvrir la plantation d'une couche de paille ou de feuilles pour la garantir du froid. Floraison en mars pour les variétés à fleurs simples et les doubles hâtives, et successivement jusqu'à fin avril pour la plupart des doubles.

Culture forcée en pots. — Les Jacinthes simples sont préférables pour ce mode de culture. Planter les ognons de septembre en novembre à fleur de terre dans des pots de 0ᵐ 12 cent. pour un seul ognon, et de 0ᵐ 30 cent. pour trois ognons; enterrer les pots à 0ᵐ 20 cent. au pied d'un mur, les y laisser sans autres soins pendant six semaines, les rentrer ensuite, soit dans une serre, soit sous châssis ou dans un appartement ; leur donner du jour et de l'air, les arroser d'abord peu , et progressivement multiplier les arrosages jusqu'à la floraison. La culture en pots bien conduite donne des plantes plus droites, moins étiolées et des hampes mieux fournies , la floraison arrive en janvier et se prolonge jusqu'en mars.

Culture en carafes. — Choisir des carafes dont l'ouverture soit proportionnée à la grosseur de l'ognon , de manière à ce que la base de celui-ci affleure seulement le niveau de l'eau, tenir les carafes constamment remplies, renouveler l'eau tous les 30 jours , en ayant soin que l'eau nouvelle soit à la même température de l'appartement , donner à cette culture le plus d'air et de lumière possibles.

On est généralement prévenu contre les fleurs simples ; dans certains cas, cette prévention peut être fondée, mais à l'égard des jacinthes de Hollande, elle n'a pas sa raison d'être, attendu que ces variétés sont pour le moins tout aussi belles que les doubles, si non davantage. En effet, elles sont plus vigoureuses, leurs hampes plus fournies, mieux développées et leurs coloris plus beaux. Nous croyons donc devoir les recommander tout paticulièrement à nos clients, les engageant à en faire au moins un essai comparatif.

Culture simultanée du Crocus et de la Jacinthe. — Dans le catalogue spécial des ognons à fleurs que nous publions chaque année, nous donnons le dessin du vase spécial employé pour cette culture. (Voir figure 2 au catalogue).

On place les Ognons de Crocus de manière à ce que les tiges puissent sortir des trous qui sont percés tout autour du vase, et de manière aussi à boucher ces ouvertures aussi hermétiquement que possible. Au fur et à mesure qu'un rang est placé, on le garnit avec de la terre légère que l'on foule assez contre l'ognon pour éviter que celui-ci ne remue ni ne se déplace.

A l'orifice du vase, on plante une Jacinthe autour de laquelle on peut mettre encore quelques Crocus.

Les Jacinthes simples sont préférables, leur floraison simultanée avec celles des Crocus étant plus certaines.

La plantation terminée, on plonge entièrement le vase dans l'eau pendant quelques minutes , afin que tous les ognons soient bien humectés, ensuite on place le vase dans un lieu obscur pendant 40 jours environ, l'obscurité force les ognons à travailler aux racines, et plus ces dernières seront développées mieux sera assurée la réussite des tiges florales lorsque , après les 40 jours d'obscurité, les ognons se trouveront à l'air et à la lumière.

Tant que les tiges ne seront pas très longues, on pourra tous les 2 à 3 jours plonger le vase dans l'eau ; mais lorsqu'il y aura dauger de briser ces tiges en faisant cette submersion, on arrosera par l'orifice et tous les jours.

Dans ce même vase, on peut aussi ne cultiver que des jacinthes , seulement il faut choisir les variétés pouvant fleurir en même temps.

Nous tenons ce vase à la disposition de nos clients.

Jonquilles à fleurs doubles. — Culture en pleine terre ou en terrine, terre franche légère.

Lilium. — Ce genre comprend un grand nombre d'espèces ; nous mentionnons seulement celles que leur rusticité et leur culture facile permettent d'élever à l'air libre, en pleine terre.

Les lis sont généralement attaqués par le (Criocéris **Merdigera**), insecte rouge qui détruit les feuilles et les fleurs ; il est essentiel de lui donner la chasse.

Lilium Astrosanguineum. — Terre de bruyère.

—   **Aurantiacum.** — Terre de bruyère.

—   **Bulbiferum**. — Tiges brunes, fleur rouge orangé, pointillée de brun, toute terre, toute expostion.

—   **Candidum** , lis blanc commun. — Toute terre, toute exposition.

—   **Catesbœi.** — Terre de bruyère.

—   **Canadense.** — Fleur jaune orangé à divisions renversées et ponctuées de pourpre, terre légère.

—   **Chalcedonicum.** — Fleurs écarlates pendantes, terre légère.

—   **Croceum.** — Fleur en ombelle, rouge safrané, parsemée de petites taches noires, toute terre.

—   **Exelsum.** — Fleur très grande, couleur brique, toute terre.

—   **Lancifolium Album.** — Fleurs grandes, terre de bruyère.

—   =   **Rubrum.** —Blanc pointillé rouge, terre de bruyère.

—   **Longiflorum.** — Fleurs longues, blanc pur, terre légère.

— **Superbum**. — Rouge orangé, pointillé pourpre brun , terre de bruyère.

— **Thompsonianum**. — Fleurs lilas, terre légère.

— **Tigrinum**. — Rouge orangé, piqueté de pourpre noir, terre ordinaire.

Muscari odorant. — Fleur disposée en épi, jaune violacée . odeur de musc. Terre légère.

Narcisse de Constantinople. — Fleurs doubles blanches à centre jaune, odorante. Culture facile en pleine terre ou en carafes comme des jacinthes.

Narcisse totus albus. — Fleurs simples, blanches, même culture.

Ornithogale Pyramidale. — Fleurs blanches en forme d'étoile , pleine terre.

Ornithogale en ombelle. — Belle de onze heures, fleurs blanches . même culture, ses fleurs n'ouvrent qu'au soleil.

Oxalis. — Plantes rameuses, spécialement propres à la formation des bordures et des corbeilles, haute de 10 à 30 cent., suivant la variété ; fleurs disposées en grappes.

Pancratium maritinum. — Fleurs blanches odorantes, terre sablonneuse, pleine terre, ne relever les ognons que tous les 4 ans.

Pancratium illiricum. — Fleurs blanches, même culture.

Pivoines herbacées à fleurs doubles. — Excellente plante pour l'ornement des jardins ; fleurs roses , rouges ou blanches suivant les variétés.

Renoncules. — Terre franche, sablonneuse, mélangée avec du terreau de feuilles, exposition au levant, massifs bombés pour faciliter l'écoulement des eaux pluviales et d'arrosage, faire tremper les griffes dans une décoction de suie pour éloigner les insectes.

Scille penchée. — Charmante plante réussissant bien sous bois et à l'ombre ; fleurs bleues, blanches ou rose suivant la variété.

Scille du Pérou. — Fleur bleue : bonne plante et culture facile dans le Midi.

Tulipes.— Choisir de préférence l'exposition sud-est, établir les planches sur un sol découvert à 5 mètres au moins de tout mur et sans humidité ; planter en novembre dans une terre franche: meuble. substantielle, un peu sableuse, sarcler et biner au besoin. Garantir les plantes, si c'est possible, des fortes pluies, au moyen de tentes ou de paillassons.

Tubéreuses doubles. — Fleur blanche très odorante. Planter en mars, terre ordinaire. arrosements fréquents ; floraison de juillet en septembre.

Tritoma Uvaria. — Feuilles radicales, longues, hampe florale robuste, s'élevant du milieu des feuilles à plus d'un mètre et terminée par un magnifique épi rouge corail ; c'est une belle plante qui demande une exposition chaude et une terre légère, riche en humus et fraîche. Sa floraison commence en septembre et se prolonge assez longtemps.

Tropœolum Tricolor. — Très jolie plante ligneuse à laquelle on peut donner la forme que l'on veut, au moyen d'appareils en fil de fer ; fleurs pédonculées, calice rouge feu, bordée de noir violacée. Culture en pot avec terre de bruyère. Drainer le fond du pot.

CALENDRIER DES SEMIS

ou Résumé des Semis à faire dans chaque mois de l'année.

JANVIER

—

Graines potagères.

Sous Châssis.

Aubergine.	Céleri rave.	Pomme d'amour.
Artichaut.	Gombo.	Tétragone.
Céleri plein blanc.	Melons cantaloup et sucrin.	
Cardon.		

Pleine terre.

Cresson Alenois.	Ciboule commune.	Laitue à couper.
Chou cabus d'été.	Epinard.	Pois, les variétés.
Cerfeuil.	Fèves.	

Quoique les ognons de fleurs doivent se planter de préférence en octobre et novembre, on peut cependant prolonger la plantation jusqu'en mars des espèces suivantes :

Amaryllis belladone.	Anémones.
— longifolia.	Renoncules.
— Vittata.	

FEVRIER

—

Graines potagères

Sous Châssis.

Aubergine.	Cardon.	Melon Cantaloup et sucrin
Artichaut.	Concombre.	Poivron.
Capucine grande.	Cornichon.	Pomme d'amour.
Céleri plein blanc.	Courges, les variétés.	Tétragone.
Céleri rave.	Gombo.	

Pleine terre.

Arroche.
Carotte, les variétés.
Céleri à couper.
Cerfeuil.
Chicorée amère.
— fris. d'Italie.
— les variétés.
Chou cabus d'été.
— vert frisé.
Ciboule commune.

Cresson alénois.
Epinard.
Fèves.
Laitues pomm. d'été.
— Romaine blonde.
— à couper.
Navets hâtifs.
Oseille.
Panais.
Persil.

Poirée.
Pois, les variétés.
Porreau.
Radis, les variétés.
Rave, longue rose.
— blanche.
Salsifis.
Scorsonère.

Graines fourragères.

Avoine.
Carotte blan. à collet vert.
Chicorée sauvage.
Dactyle pelotonné.
Fétuque, les variétés.
Fléole des prés.
Fromental.

Gesse.
Houque laineuse.
Lupuline.
Luzerne.
Panais.
Pimprenelle.
Pois gris.

Raifort champêtre.
Ray Grass anglais.
— d'Italie.
— des Alpes
Sainfoin.
Trèfle nain blanc.
Vesce du printemps.

Graines de fleurs.

Sur Couche.

Achillée
Ageratum du Mexique
Anagalis, les variétés.
Aubergine blanche.
Acacia de farnèse.
Baguenaudier d'Ethi.
Balisier, caⁿᵉ d'Inde.
Balsamine.
Basilic, les variétés.
Brachycome.
Camara.
Capucine, les variétés.
Caracole.
Celosi à épi rose.
Cobœa.
Courges, les variétés
Loaza orangé.

Chorozema.
Cosmos bipinné.
Cupidone.
Dahlia.
Datura fastuosa.
Daubentonia.
Dioclea glycinoïdes.
Glaciale.
Geranium.
Gaillarde.
Giroflée quarantaine.
Héliotrope.
Hugélie.
Ipommée quamoclit.
— bona nox.
Immortelle.

Kennedya.
Kaulfussia ameloïdes.
Lotus Jacobœus.
Mandevillea.
Maurandia.
Mimulus.
Œillet de la Chine.
Petunia.
Pervenche.
Penstemon.
Portulaca.
Reine-Marguerite.
Senéçon.
Sensitive.
Thunbergia.
Verveine.

Pleine terre

Sauf des hivers rigoureux, on peut, sous notre climat, semer dans ce mois les espèces suivantes :

Adonide.	Coréopsis pourpre.	Mufle de veau.
Ancolie.	» Drummond.	Nigelle.
Belle-de-Nuit.	Crépis.	Nemophylle.
Belle-de-jour.	Cynoglosse.	Enothère les variétés.
Cacalie.	Digitale.	Pavot.
Centaurée.	Julienne de Mahon.	Pensée.
Chrysanthême.	Gilie.	Pied d'alouette.
Clarkia.	Ketmie.	Passerose.
Coquelicot.	Lavatère, les variétés.	Pois fleurs.
Collinsia bicolor.	Malope, les variétés.	Thlaspi.
Collomie écarlate.	Matricaire.	Zinnia.
Coquelourde.	Mélilot.	

MARS.

Graines potagères.

Sous Châssis.

Concombre.	Melon cantaloup et
Cornichon.	sucrin.
Courges.	Poivron

Pleine terre.

Angélique.	Cerfeuil.	Gombo.
Arroche.	Chenille.	Haricot quarantain.
Artichaut.	Chicorée amère.	Haricot nain de Belgique.
Asperges.	— frisée.	Laitue pommée d'été.
Aubergine.	Chou cabus d'été.	— romaine blonde.
Betterave, les variétés.	Chou-fleur, 1/2 dur.	— à couper.
Bourrache.	— frisé.	Navets hâtifs.
Capucine grande.	— Brocoli violet.	Oseille.
Cardon.	Ciboule commune.	Porreau.
Carotte, les variétés.	— de Saint-Jacques	Poirée.
Céleri plein blanc.	Cresson alénois.	Pois, les variétés.
— rave.	Epinard.	Pomme d'amour.
— à couper.	Fraisier.	Pomme de terre.

Panais.
Pastèque.
Persil.
Pimprenelle.

Radis, les variétés.
Rave longue, rose.
Rave longue, blanche.
Roquette.

Salsifis.
Sariette.
Scorsonère.
Tétragone.

Graines fourragères.

Agrostis.
Avoine.
Ajonc marin.
Betteraves, les variétés.
Bromes.
Carotte blanche.
Chicorée sauvage.
Chou colza du printemps.
Choux divers.
Dactyle pelotonné.
Fétuque, les variétés.
Fléole des prés.

Flouve odorante.
Fromental.
Garance.
Gesse.
Houque laineuse.
Lentille.
Lupuline.
Lupin.
Luzerne.
Maïs.
Panais.
Pâturin, les variétés.

Pimprenelle.
Pois gris.
Raifort champêtre.
Ray-Grass, anglais.
    —   d'Italie.
    —   des Alpes.
Sainfoin.
Spergule.
Trèfle blanc.
    — violet.
Vesce du printemps.

Graines de fleurs.

Acanthe.
Achillée.
Aconit napel.
Adonide d'été.
Alysse, corbeille d'or.
Amarante, les variétés.
Ancolie.
Argemone.
Aristoloche.
Athanasie.
Aubriétie.
Auricule.
Balisier.
Balsamine.
Bartnonia.

Basilic, les variétés.
Belle-de-jour.
Belle-de-nuit.
Benoite, écarlate.
Bignonia twediana.
Bouquet parfait.
Brionopsis.
Browalia.
Buglosse.
Cacalia.
Campanulle, les variétés.
Capucine, grande.
    — brune.
    — petite.
Caracolle.

Célosie à épi rose.
Centaurée.
Chrysanthèmes.
Clarkia, les variétés.
Clématis.
Collinsia bricolor.
Collomie écarlate.
Coquelourdes.
Coquelicot.
Coréopsis pourpre.
   »   de Drummond.
Cosmos bippiné.
Courges, les variétés.
Crépis, les variétés.
Cupidonne.

Cynoglosse.
Croix de Jérusalem.
Dahlia.
Datura fastuosa.
Digitale.
Dolique.
Echinops.
Enothères, les variétés.
Epervière.
Erysimum.
Escholtzie.
Euphorbe.
Eutoca.
Ficoïde tricolor.
Fraxinelle.
Gaura de Lhendeimer.
Gentiane, à grande fleur.
Gilie, les variétés.
Giroflée jaune.
Godetia Rubicond.
Gypsophile élégante.
Hugelie.
Haricot d'Espagne.
Immortelle, les variétés.
Ipomée, les variétés.
Ipomopsis.
Julienne de Mahon.
Julienne simple.
Jonopsidium.

Kaulfussia.
Ketmié, les variétés.
Larmes de Job.
Lavatères.
Linaire à feuilles d'orchis
Lin vivace.
Lobelia érinus.
Lupin, les variétés.
Madia.
Malope.
Matricaire.
Mauve d'Alger.
Mimulus.
Momordique.
Mufle de veau.
Myosotis.
Nemophylle, les variétés.
Nigelle.
Nolana à feuilles d'arroche.
Nycterinia.
Œillet de Chine.
Œillet d'Inde.
Paquerette.
Passerose.
Passion.
Pavot.
Pensée.
Perilla de Nankin.

Petunia.
Persicaire.
Phacelia.
Phlox, les variétés.
Pied d'alouette.
Pois de senteur.
Potentille.
Portulaca.
Primevère des jardins.
Reine-Marguerite.
Réséda.
Rhodante.
Ricin.
Rudbekia amplexicole.
Sainfoin d'Espagne.
Salpiglossis.
Sanvitaglia.
Scabieuse.
Seneçon, les variétés.
Silène.
Souci double.
Sphenogyne speciosa.
Tagete patula.
Thlaspi.
Thumbergia.
Venidium.
Verveine.
Violette.
Viscaria.
Zinnia élégants.

Ognons de fleurs.

Achimènes.
Begonia.
Boussingaultia.
Balisier.

Dahlias.
Glayeuls Gandavensis.
Gloxinias.
Tubéreuses.

AVRIL

—

Graines potagères.

Pleine Terre.

Angélique.
Artichaut.
Asperges.
Aubergine.
Betterave, les variétés.
Bourrache.
Capucine grande.
Cardon.
Carotte, les variétés.
Céleri plein blanc.
— rave.
Céleri à couper.
Cerfeuil.
Chenille.
Chicorée amère.
— frisée.
Chou cabus d'été.
— fleur, 1/2 dur.
— frisé.

Chou Brocoli violet.
Ciboule commune.
— de Saint-Jacques.
Concombre.
Cornichon.
Courges, les variétés.
Cresson de fontaine
— alénois.
Epinard.
Fraisier.
Gombo.
Haricot quarantain.
— noir de Belgique.
— gourmands.
Laitue pommée d'été.
— romaine blonde.
Melon, les variétés.
Navets hâtifs.
Oseille.

Panais.
Pastèques.
Persils.
Pimprenelle.
Poirée.
Porreau.
Pois, les variétés.
Poivron.
Pomme d'amour.
Pomme de terre.
Pourpier.
Radis, les variétés.
Rave longue rose.
— blanche.
Roquette.
Sariette.
Salsifis.
Scorsonère.
Tétragone.

Graines fourragères.

Agrostis.
Avoine.
Ajonc marin.
Betterave, les variétés.
Bromes.
Carotte blanche.
Chicorée sauvage.
Chou colza du printemps.
Choux divers.
Dactyle pelotonné.
Fétuque, les variétés.
Fléole des prés.
Flouve odorante.

Fromental.
Garance.
Gesse.
Houque laineuse.
Lupuline.
Lupin.
Luzerne.
Maïs.
Moutarde.
Panais.
Pâturin, les variétés.
Pimprenelle.
Pois gris.

Raifort champêtre.
Ray-Grass anglais.
— d'Italie.
— des Alpes.
Sainfoin.
Sorgho à balais.
— à sucre.
Spergule.
Trèfle blanc.
— violet.
Vesce du printemps.

Graines de fleurs.

Acanthe.
Achillée.
Aconit napel.
Ageratum du Mexique.
Adonide.
Alysse, corbeille d'or.
Amarante, les variétés.
Ancolie.
Aristoloche.
Athanasie.
Aubergine.
Aubriétie.
Balissier.
Balsamine.
Barthonia.
Basilic, les variétés.
Belle-de-jour.
Belle-de-nuit.
Benoîte écarlate.
Bignonia twdia.
Bouquet parfait.
Browalia.
Bryonopsis.
Buglosse.
Cacalia.
Calandrina.
Campanulle, les variétés.
Capucine, grande.
—   brune.
—   petite.
—   des Canaries.
Caracolle.
Célosie à épi rose.
Centaurée.
Chrysanthèmes.
Clarkia, les variétés.
Clématis.
Collinsia bicolor.
Collomie écarlate.
Coquelourdes.

Coréopsis pourpre.
—   de Drummond.
Cosmos bipinné.
Courges, les variétés.
Crépis, les variétés.
Cupidonnes.
Cynoglosse à feuille de lin
Croix de Jérusalem.
Dahlia.
Datura fastuosa.
Digitale.
Dolique.
Echinops.
Enothère, les variétés.
Epervière.
Erysimum.
Escholtzie.
Eutoca.
Euphorbe.
Ficoïde tricolor.
Fraxinelle.
Gentiane à grande fleur.
Gilie, les variétés.
Giroflées quarantain.
Giroflée jaune.
Glaciale.
Godetia Rubicond.
Gypsophile élégante.
Hugelie.
Haricot d'Espagne.
Immortelle, les variétés.
Ipommée, les variétés.
—   bona nox.
—   quamoclit.
Ipomposis.
Julienne de Mahon.
—   simple.
Ketmie, les variétés.
Larmes de Job.
Lavatères.

Lin vivace.
Lin à grandes fleurs rouges.
Linaire à feuilles d'orchis
Lobelia Erinus.
Lupin, les variétés.
Madia.
Malope.
Matricaire.
Mauve d'Alger.
Mimulus.
Momordique.
Mufle de veau.
Myosotis.
Nigelle.
Nemophylle, les variétés.
Nolana à feuilles d'arroche
Nycterina.
OEillet à fleur double.
—   de Chine.
—   d'Inde.
Paquerette.
Passerose.
Passion.
Pensée.
Perilla de Nankin.
Petunia.
Persicaire.
Phacelia.
Phlox, les variétés.
Pied d'alouette.
Pois de senteur.
Potentille.
Portulaca.
Primevère des Jardins.
Reine-Marguerite.
Réséda.
Rhodante.
Ricin,
Sanvitaglia.
Sainfoin d'Espagne.

Scabieuse.
Seneçon, les variétés.
Silène.
Salpiglossis.

Souci double.
Tagete patula.
Thlaspi.
Verveine.

Violette.
Viscaria.
Zinnia élégants.

Ognons de fleurs.

Achimènes.
Balisier.
Begonia.
Boussingaultia.

Dahlia.
Gayeuls Gandavensis.
Gloxinias.
Tubéreuse.

MAI.

—

Graines potagères.

Angélique.
Aubergine.
Betteraves, les variétés.
Bourrache.
Capucine grande.
Carotte, les variétés.
Cardon.
Céleri rouge.
Cerfeuil.
Chenille.
Chicorée amère.
    — frisée.
Chou fleur demi dur.

Chou frisé.
Ciboule commune.
Ciboule Saint-Jacques.
Concombre.
Cornichon.
Courges, les variétés.
Cresson alénois.
    — de fontaine.
Epinard.
Gombo.
Haricot quarantaine.
    — gourmande.
    — Bouquetier.

Laitues pommes d'été.
Laitue romaine d'été.
Melons, les variétés.
Oseille.
Persil.
Pois clamart.
    — ride de Knight.
Pomme de terre.
Porreau.
Pourpier.
Radis, les variétés.
Raiponce.

Graines fourragères.

Blé noir.
Bromes.
Dactyle pelotonné.
Fétuque, les variétés.
Flouve odorante.
Fromental.

Fléole des prés.
Garance.
Houpe laineuse.
Maïs.
Moutarde.
Pimprenelle.

Ray Grass anglais.
    — d'Italie.
    — des Alpes.
Sainfoin.
Sorgho à balais.
    — à sucre.

Graines de fleur.

Acanthe.
Achillée.
Aconit.
Adonide d'été.
Amarante, les variétés.
Aristoloche.
Balisier.
Balsamine.
Belle-de-jour.
Belle-de-nuit.
Benoîte écarlate.
Bouquet parfait.
Browalia.
Bryonopsis.
Cacalia écarlate.
Calandrina.
Capucine, les variétés.
Centaurée.
Chrysanthèmes.
Clarkia.
Collinsia bicolor.
Collomia.
Coreopsis pourpre.
— Drummond.
Cosmos bipinné.
Courges, les variétés.
Crépis.
Cynoglosses.

Datura fastuosa.
Digitale.
Dolique ligneux.
Echinops.
Enothères, les variétés.
Epervière.
Erysimum.
Escholtzie.
Euphorbe.
Eutoca.
Fraxinelle.
Gilie.
Godetia rubicond.
Hugelie.
Haricot d'Espagne.
Ipomée, les variétés.
Julienne de Mahon.
— simple.
Ketmie.
Larme de Job.
Lavatères.
Linaire à feuilles d'orchis.
Lobelia Erinus.
Lupin.
Madia.
Malope.
Matricaire.
Mauve d'Alger.

Mimulus.
Momordique.
Mufle de veau.
Myosotis.
Nemophylle.
Nigelle.
Nolana à feuilles d'arroche.
Œillet à fleur double.
Œillet d'Inde.
Paquerette.
Passerose.
Petunia.
Persicaire.
Phacelie.
Reine-Marguerite.
Réséda.
Ricin.
Sainfoin.
Salpiglossis.
Silène.
Souci.
Tagete patula.
Thlaspi.
Violette.
Viscaria.
Zinnia élégant.

JUIN.

—

Graines potagères.

Angélique.
Capucine grande.
Carotte, les variétés.
Céleri rouge.
Cerfeuil.
Chicorée amère.
— frisée.
Chou cabus d'hiver.
Chou fleur dur.

Chou frisé.
Ciboule commune.
Cresson alénois.
Haricots gourmands.
— bouquetier.
Laitues pomme d'été.
— romaines d'été.
Ognons, les variétés.
Oseille.

Persil.
Pois clamart.
— ridé de Knight.
Porreau.
Pourpier.
Raiponce.
Radis, les variétés.
— gros noir.
— — blanc.

Graines fourragères.

Blé noir.	Navette.
Moutarde.	Sorgho à sucre.

Graines de fleurs.

Acanthe.	Balsamine.	Haricot d'Espagne.
Achillée.	Belle-de-nuit.	Réséda.
Aconit.	Benoîte écarlate.	

JUILLET.

—

Graines potagères.

Angélique.	Chou fleur dur.	Ognons, les variétés.
Capucine grande.	— brocoli blanc	Oseille.
Carotte, les variét.	Chou frisé.	Persil.
Céleri rouge.	Ciboule commune.	Poirée.
Cerfeuil.	Haricot bouquetier.	Porreau.
Chicorée amère.	— noir de Belgique.	Pourpier.
— frisée.	Laitue pomme d'été.	Radis, les variétés.
— scarolle.	— romaine d'été.	— gros noir.
Chou cabus d'hiver.	Navets, les variétés.	— gros blanc.

Graines fourragères.

Blé noir.	Trèfle incarnat.
Chou colza d'hiver.	Sorgho à sucre.
Navette.	

Graines de fleurs.

Acanthe.	Diocléa Glycinoïdes.	OEillet à double fleur.
Achillée.	Eccremocarpus.	Paquerette.
Aconit.	Epervières.	Passerose.
Ancolie.	Eupatoire.	Penstemon.
Aubrietie.	Erytrina crista galli.	Phlox.
Buglosse.	Fraxinelle.	Primevère de la Chine.
Chrysanthèmes.	Gaillarde.	— des jardins.
Cinéraire.	Gaura de Lendheimer.	Potentille.
Coquelourdes.	Giroflée jaune.	Salvia coccinéa.
Coréopsis, d'Akerm.	Loaza orangé.	Statice.
Cuphea miniata.	Mufle de veau.	Violette des quatre saisons.

AOUT.

—

Graines potagères.

Angélique.
Capucine grande.
Carotte, les variétés.
Cerfeuil.
Chicorée amère.
— frisée.
— scarolle.
Chou d'Yorck.
— pain de sucre.
Chou cœur de bœuf.
Ciboule commune.
Cresson alénois.
Epinard.
Haricot bouquetier.
— noir de Belgique.
Laitues pommées d'hiver.
— longues d'hiver.
Mâches.
Navets, les variétés.
Ognons, les variétés.
Oseille.
Persil.
Poirée.
Pourpier.
Radis, les variétés.
— gros noir.
— gros blanc.

Graines fourragères.

Chou colza d'hiver.
Navette.
Spergule.
Trèfle incarnat.

Graines de fleurs.

Ancolie.
Aubrietie.
Buglosse.
Calendrina en ombel.
Capucine des Canaries.
Chrysanthèmes.
Coquelourdes.
Cinéraire.
Cuphea miniata.
Dioclea glycinoïdes.
Epervière.
Eupatoire.
Fraxinelle.
Gaillarde.
Giroflée jaune.
Loaza orangé.
Mufle de veau.
OEillet à fleur double.
Paquerette.
Passerose.
Pensée anglaise.
Penstemon.
Phlox.
Primevère de la Chine.
Primevère des jardins.
Potentille.
Salvia coccinéa.
Scabieuse.
Statice.
Violette des 4 saisons.

Ognons de fleurs.

Crocus Sativus.

SEPTEMBRE.

—

Graines potagères.

Bourrache.
Carotte, les variétés.
Cerfeuil.
Ciboule de St-Jacques.
Chicorée amère.
— frisée.
— scarolle.
Chou d'Yorck.
Chou pain de sucre.
— cœur de bœuf.
Cresson alénois.
— de fontaine.

Epinard.
Haricot noir de Belgique.
Laitue pommée d'hiver.
— longue d'hiver.
— à couper.
Mâches.
Navets, les variétés.
Ognons, les variétés.
Oseille.
Panais.
Persil.
Pimprenelle pour salade.
Poirée.
Radis, les variétés.
— gros noir.
— gros blanc.
Roquette.

Graines fourragères.

Agrostis.
Ajonc marin.
Avoine.
Brômes.
Chicorée sauvage.
Chou colza d'hiver.
Dactyle pelotonnée.
Fétuque, les variétés.
Flouve odorante.
Fromental.
Fléole.
Garousse.
Houque laineuse.
Lin.
Luzerne.
Navette.
Paturin, les variétés.
Pimprenelle.
Raifort champêtre.
Ray Grass anglais.
— d'Italie.
— des Alpes.
Spergule.
Saintoin.
Trèfle commun.
— blanc.
Vesce d'hiver.

Graines de fleurs.

Adonis d'été,
Alysse, corbeille d'or.
Anagallis, les variétés.
Ancolie.
Aubrietie.
Bouquet parfait.
Belle-de-jour.
Calandrina en ombelle.
Campanulle.
Centaurée.
Chrysanthèmes.
Clarkia.
Collinsia.
Coquelicot.
Coquelourde.
Coréopsis pourpre.
— de Drummond.
Crépis.
Cupidones.
Croix de Jérusalem.
Dauphinelle.
Digitale, les variétés.
Enothères.
Epervière.
Erysimum.
Escholtzie.
Fraxinelle.
Gilie.
Giroflée jaune.
Godetia rubicond.
Immortelle annuelle.
Incarvillea de la Chine.
Julienne de Mahon.
— simple.
Jonopsidium.
Kaulfussia ameloïdes.
Leptosiphon.
Lin vivace.
Mimulus (1).
Myosotis.
Mufle de veau.
Nigelle.
Nemophille.
OEillet de la Chine.
Paquerette.
Passerose.
Passion.
Pavot double.
Petunia.
Penstemum (2).
Phlox, les variétés.
Pied d'alouette.
Pois de senteur.
Pois vivace.
Premevère des jardins.
Réséda.
Sainfoin.
Scabieuse.
Schizantus (3).
Silène.
Souci,
Tournefortia.
Thlaspi.
Verveine (4).
Violette des 4 saisons.

(1) En pots, hiverner sous châssis. — (2) Hiverner sous châssis. — (3) En pots, hiverner sous châssis. — (4) Sous châssis.

Ognons à fleurs.

Agapanthe ombellif.
Amarillys, les variétés.
Anemones.
Antholize d'Ethiopie.
Couronnes impériales.
Crocus Sativus.
— vernus:
Cyclamen, les variétés.

Diclitra spectabilis.
Fritilaire.
Iris, les variétés.
Ixias.
Jacinthes.
Jonquille.
Muscaris.
Narcisses, les variétés.

Ornithogale.
Pivoines herbacées.
Renoncules.
Scille.
Sparaxis.
Tulipes.
Tropœolum.

OCTOBRE.

—

Graines potagères.

Bourrache.
Céleri rouge (1).
Cerfeuil.
Ciboule de St-Jacques.
Chicorée amère.
Cresson alénois.
— de fontaine.

Epinard.
Fèves.
Laitues pommée d'hiver.
— romaine d'hiver.
— à couper,
Mâche.
Panais.

Persil.
Pimprenelle.
Pois, les variétés.
Pomme de terre.
Radis, les variétés.
Roquette.

Graines fourragères.

Agrostis.
Ajonc marin.
Avoine.
Bromes.
Chicorée sauvage.
Dactyle pelotonné.
Fétuque, les variétés.
Flouve odorante.
Fromental.

Fléole.
Garousse.
Houque laineuse.
Lin.
Luzerne.
Paturin, les variétés.
Pimprenelle.
Raifort champêtre.
Ray Grass anglais.

Ray Grass d'Italie.
— des Alpes.
Sainfoin.
Spergule.
Trèfle commun.
— blanc.
Vesce d'hiver.

Graines de fleurs.

Adonide d'été.
Alysse, corbeille d'or.
Ancolie.

Belle de jour.
Bouquet parfait.
Campanulle.

Centaurée.
Clarkia.
Collinsia.

(1) Sous châssis.

Coquelicot.
Coquelourde.
Coréopsis pourpre.
  — de Drummond.
Crépis.
Cupidones.
Croix de Jérusalem.
Dauphinelle.
Digitale.
Enothères.
Erysimum.
Escholzie.
Gilie.

Giroflée quarantaine (1).
Godetia rubicond.
Immortelle.
Julienne de Mahon.
  — simple.
Leptosiphon.
Mimulus (2).
Myosotis.
Mufle de veau.
Nigelle.
Nemophyle.
Œillet de la Chine.
Passion.

Pavot.
Petunia.
Pied d'alouette.
Pois de senteur.
Pois vivace.
Réséda (sous châssis).
Sainfoin.
Scabieuse.
Silène.
Souci.
Thlaspi.
Tournefortia.

Ognons de fleurs.

Agapanthe ombellif.
Amarillys, les variétés.
Anemones.
Antholize d'Ethiopie.
Couronnes impériales.
Crocus vernus.
Cyclamen, les variétés.
Diclitra spectabilis.
Fritilaire.

Jacinthes.
Iris, les variétés.
Ixias.
Jonquille.
Lilium, les variétés.
Muscaris.
Narcisses, les variétés.
Ornithogale.
Oxalis.

Pivoines herbacées.
Renoncules.
Scille.
Sparaxis.
Tulipes.
Tritoma.
Tropœolum.

NOVEMBRE.

—

Graines potagères.

Céleri rouge (3).
Cerfeuil.
Chicorée amère.
Cresson alénois.

Epinard.
Fèves.
Laitue à couper.
Pois, les variétés.

Pomme d'amour (4).
Roquette.

Graines de fleurs.

Adonide d'été.
Alysse, corbeille d'or.
Belle-de-jour.

Bouquet parfait.
Centaurée.
Collinsia.

Coquelicot.
Coquelourdes.
Coréopsis Drummond.

(1) En pots, hiverner sous châssis. — (2) En pots, hiverner sous châssis. — (3) Sous châssis. — (4) Sous châssis.

Crépis.
Cupidones.
Croix de Jérusalem.
Dauphinelle.
Enothères.
Erysimum.
Escholtzie.
Gilie.
Godetia rubicond.

Immortelle.
Julienne de Mahon.
   — simple.
Myosotis.
Nigelle.
Nemophylle.
Pavot.
Petunia.
Pied d'alouette.

Pois de senteur.
  — vivace.
Réséda (sous châssis).
Sainfoin.
Silène.
Souci.
Thlaspi.

Ognons de fleurs.

Agapathe ombellif
Amaryllys, les variétés.
Anémones.
Antholize d'Ethiopie.
Couronnes impériales
Crocus vernus.
Cyclamen, les variétés.
Diclitra spectabilis.

Fritilaire.
Jacinthes.
Iris, les variétés.
Ixias,
Jonquille.
Lilium, les variétés.
Narcisses, les variétés,
Ornithogale.

Oxalis.
Pivoines herbacées.
Renoncules.
Scille.
Sparaxis.
Tulipes.
Tritoma.
Tropœolum.

DÉCEMBRE.

Graines potagères.

Céleri rouge (1).
Cerfeuil.
Chicorée amère.
Chou cabus d'été.

Cresson alénois.
Epinard.
Fèves.
Laitue à couper.

Pois, les variétés.
Pomme d'amour (2).

Graines de fleurs.

Pois de senteur.
Pois vivace.
Réséda (sous châssis).

(1) Sous châssis. — (2) Sous châssis.

Ognons de fleurs.

Agapanthe ombellif.
Amarillys, les variétés.
Anémones.
Antholize d'Ethiopie.
Couronnes impériales.
Crocus vernus.
Cyclamen, les variétés.
Diclitra spectabilis.

Fritilaire.
Jacinthes.
Iris, les variétés.
Ixias.
Jonquille.
Lilium, les variétés.
Narcisses, les variétés.
Ornithogale.

Oxalis.
Pivoines herbacées.
Renoncules.
Scille.
Sparaxis.
Tritoma.
Tropœolum.
Tulipes.

TABLE DES MATIÈRES